JN015621

1時間でわかる ネット広告 超入門

AOI.コミュニケーションズ
古舘拡美 著

技術評論社

●本書について

「新感覚」のビジネス入門書

本書は「1時間で読める・わかる」をコンセプトに制作された、新しい入門書です。「1時間で何がわかるの？」と疑問を感じているかもしれませんが、日々新しい情報で溢れかえるビジネスの現場では、まずは基礎知識を身につけることが重要です。

そこで本書では、一番最初に身に付けるべき知識に絞って解説し、1時間で読んでわかるコンパクトな内容にまとめました。

なお、本書は、1時間で理解する範囲として3章まで（130ページ）を「概要」「基本」のパート、それ以降の4章を実践的な「発展」のパートとして分けています。まずは「基本」のパートを読んで重要な知識を理解しましょう。そのうえで、実際の自分の状況に照らし合わせながら、「発展」のパートを参考に、より理解を深めていってください。

効率よくターゲットにリーチできるネット広告

現在では、様々な広告の中でもネット広告は大きな効果を持っています。人は何か商品を探す時、インターネットで検索することがほとんどです。その時に広告が表示されると、「こんな商品やサービスを探していた！」と思って広告を見てくれる確率が高まります。このように、ネット広告では、自社の商品やサービスに興味を持ってくれそうな人に向けて出稿することができるのです。

ただし、ネット広告にも様々な種類があり、出稿の方法も多岐に渡っています。きちんと理解して出稿しないと、効果が得られないまま費用だけがかさんでしまうこともあり得ます。重要なのは、適切な広告の種類を選ぶことと、ターゲティングの精度を高めることです。本書では、その基本となる知識をわかりやすく解説していきます。

本書を読んで、ネット広告を集客・販促に役立てる手がかりを、ぜひつかんでください。

● 目次

1章 ネット広告の基本

2章 ネット広告の種類

3章 ネット広告の出稿方法

4章 ネット広告の運用のコツ

［免責］

本書に記載された内容は、情報の提供のみを目的としています。したがって、本書を用いた運用は、必ずお客様自身の責任と判断によって行ってください。
これらの情報の運用の結果について、技術評論社および著者はいかなる責任も負いません。
本書記載の情報は、2019年12月2日現在のものを掲載していますので、ご利用時には、変更されている場合もあります。最新の情報が異なることを理由とする、本書の返本、交換および返金には応じられませんので、あらかじめご了承ください。
以上の注意事項をご承諾いただいたうえで、本書をご利用願います。これらの注意事項に関わる理由に基づく、返金、返本を含む、あらゆる対処を、技術評論社および著者は行いません。あらかじめ、ご承知おきください。

［商標・登録商標について］

本書に記載した会社名、プログラム名、システム名などは、米国およびその他の国における登録商標または商標です。本文中では™、Ⓡマークは明記しておりません。

1章

ネット広告の基本

SECTION 01

インターネットに広告を出すことのメリット

概要

低予算で始められ、効果も期待できる

ネット広告の一番のメリットは、誰でも少額から気軽に始められるということです。あらかじめ設定した検索キーワードによってWebサイトに誘導する方法は、クリックされなければ料金は発生しませんし、毎月の広告料金の上限を決めてから広告設定することもできるので、予算に応じた計画が立てられます。

また、テレビ、新聞、雑誌、ラジオに代表されるマスメディア広告や、駅構内や電車の中に掲示される交通広告のような一方通行のコミュニケーションとは異なり、ネット広告は、**顧客の日常的な悩みや興味関心に合わせて情報を提供しています**。私たちは、興味、関心を持つと自然とインターネット検索を行います。その検索結果に連動して表示されるのがネット広告です。読み手の関心に答えるように広告の情報が流れるので、購入ボタンやお問い合わせボタンのクリックにもつながりやすくなります。

ネット広告は相手の興味やニーズにマッチしやすい

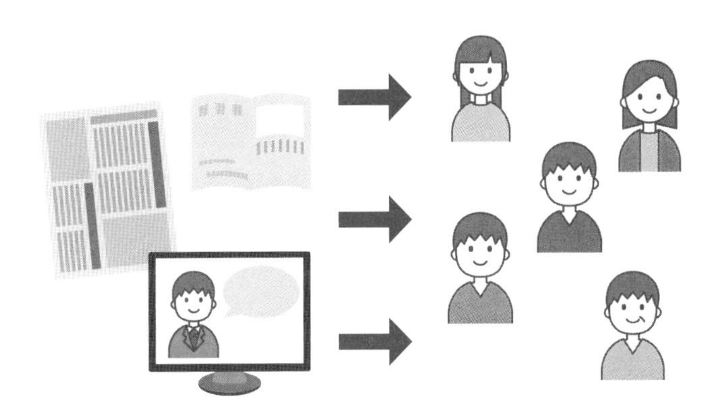

マスメディア広告や交通広告は一方通行的な広告

インターネット広告はインターネット検索を通じて
相手の悩み・興味に応えることができる広告

詳細なターゲティングが可能

広告のターゲットを設定するには、想定される顧客を想像することから始まります。あなたの商品やサービスを購入してもらいたい人はどんな人ですか？　その人の特徴は？　ネット広告は、想定される顧客の年代や性別、住んでいる地域でセグメント（分類）することもできますし、職業、趣味などでセグメントすることもできます。またお悩みや興味別にセグメントしていくことも可能です。そしてターゲットとなりうる顧客層を絞り込めば絞り込むほど、「お問い合わせ」や「購入」ボタンへのクリック率が上がっていくのです。

例えばあなたのクリニックに新規の顧客を増やしたいと考えていたとします。あなたのクリニックを利用する方はどんな人でしょうか？　どんなお悩みがあり、どのようにしてあなたのクリニックを見付けるのでしょうか？　また、クリニックの強みや他のクリニックと違うところはどこでしょう？

理想的な顧客像を思い浮かべ、その方のお悩みに沿うように広告を設定すると、「このクリニックなら私の○○を改善してくれるかも！」と共感を得られ、興味を持ってもらえるのです。

ターゲティングを行うことで広告の効果も高まる

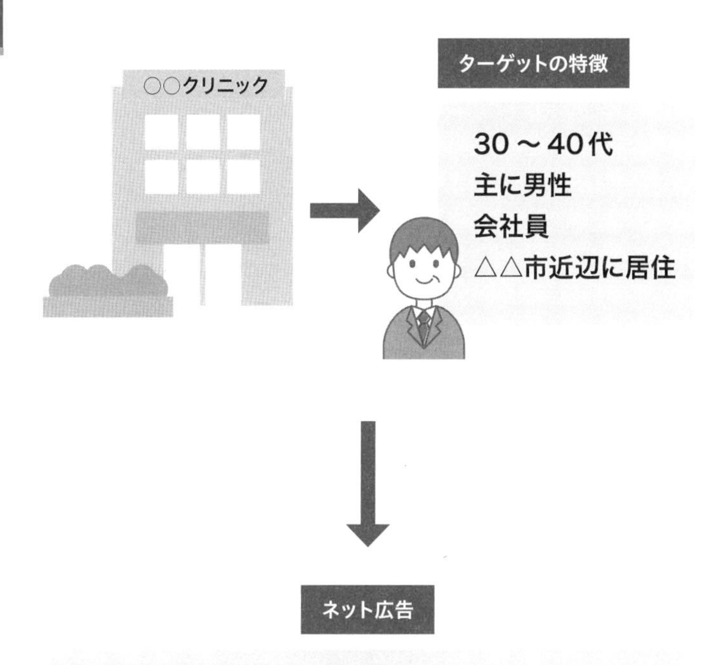

ターゲットが好みそうな媒体に出稿
ターゲットが検索しそうなキーワードに合わせて出稿
ターゲットが見るSNSに出稿
etc.

数字で見える明確な効果測定

ネット広告は、サイト閲覧者（ユーザー）の数の増減、購入率やクリック率の結果をデータで見ることができ、その結果から設定した広告の費用対効果を測ることができます。また、どういう経路で商品購入ページにアクセスしてきたのか、サイト閲覧者がどういう端末を利用しているかをチェックすることもできます。そして、その結果をもとに広告デザインやテキストメッセージを修正したり、ターゲットを調整したりすることも可能です。つまり、一度広告を作っておしまいではなく、**常に結果を分析し内容を改善していくことで、確実な成果につなげていくことができる**のです。

例えば、あなたは美容院を経営しています。平日の昼間の時間帯の来店客数を上げたいと考え、30代の小さな子供を持つ専業主婦をターゲットとし、子育てに追われる女性に子供が幼稚園にいっている間に行う楽しみとして、スカルプケアを提供したいと考え広告設定します。1か月様子を見たら、左ページのような結果が出ました。

結果からは、ページ訪問者数は増えているのに、予約申し込みのクリック率が少ないことがわかりました。その場合は、テキストメッセージを修正するといった対策を考えることができ、すぐにでも修正できるのが、ネット広告のメリットです。

ネット広告は効果測定もしやすい

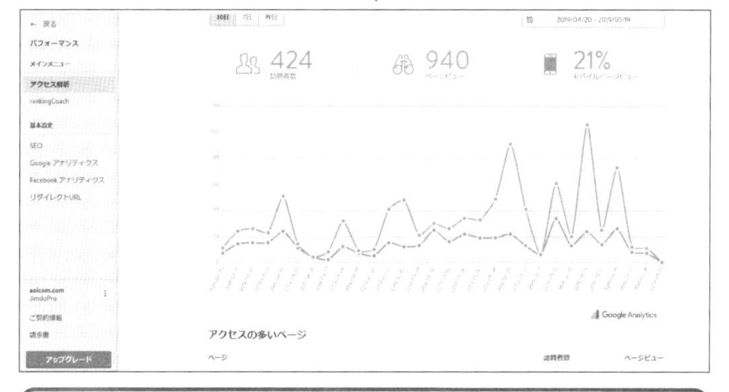

ネット広告はグラフなどで閲覧数やクリック数などをすぐに確認することができる

SECTION 02

ネット広告が配信されるしくみ

概要

ネット広告とアドネットワークの関係

では、ネット広告が実際にどのように配信されているか見ていきましょう。アドネットワークとは、ネット広告専門の配信サービスです。広告主は、作成した広告を配信事業者に入稿します。独自の広告専用のサーバーを持つ広告配信事業者は、入稿された広告にリンクを設定するという形で、その広告を複数の媒体社で組まれたアドネットワークのWebサイト内に展開していきます。つまり広告主は、配信事業者に**広告を入稿するだけで、複数のメディアに自動的に広告が表示されるのです。**

Amazonで一度閲覧した商品が、他のWebサイトを見ているのに何度も表示されるといった経験はありませんか？　このようにサイト閲覧者の検索履歴のデータをもとに、データベースが関与し、ユーザーの嗜好に合わせた広告を表示できるようになっているのが、アドサーバーによる広告配信のしくみです。広告主は、出稿した広告の配信結果もまとめて受け取ることができるので、効果測定もかんたんに行えます。

アドネットワークのしくみ

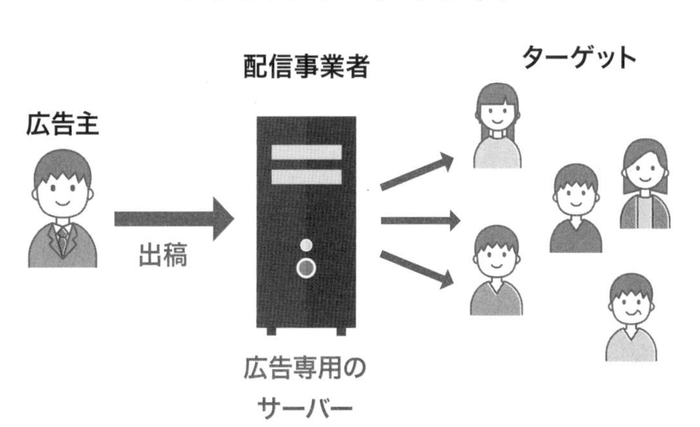

SUMMARY

アドネットワークにより、出稿した広告はターゲットの興味関心などに合わせて適切な場所に表示される

ネット広告はどのように出稿する？

ネット広告は、従来の広告とは異なり、個人でも出稿できることも大きな特徴のひとつです。特に、リスティング広告やＳＮＳ広告などは、個人でかんたんに設定をして広告を出すことが可能です。この場合、ＧｏｏｇｌｅやＹａｈｏｏ！などのメジャーな検索エンジンの検索結果画面や、ＳＮＳの画面に広告を表示することができます。これらの出稿方法については、２章以降で詳しく解説します。

もちろん、ネット広告も広告代理店を通して出稿する方法もあります。その場合、広告代理店は、広告掲載枠を持つ媒体社に広告主のための枠を買います。その際「メディアレップ」と呼ばれる媒体社専用の代理店を通して広告枠を購入します。

ネット広告は多種多様で、一概にこの広告がよい、といえるものではありません。その商品やサービスに応じた媒体（メディア）を選ぶことが大事です。

また、広告デザイン（クリエイティブ）を考える時には、広告代理店に相談するとよいでしょう。

ネット広告の出稿の流れ

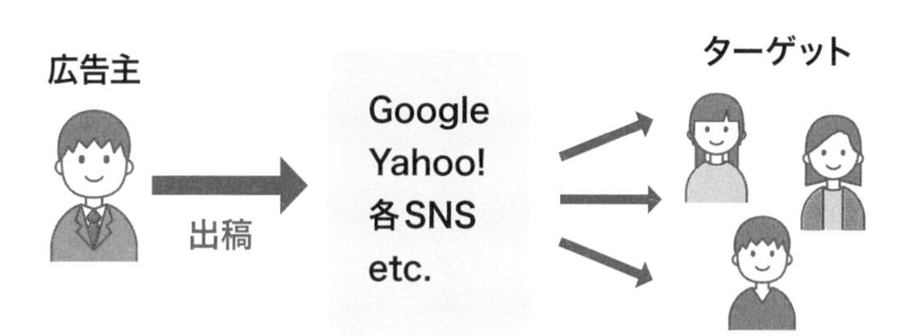

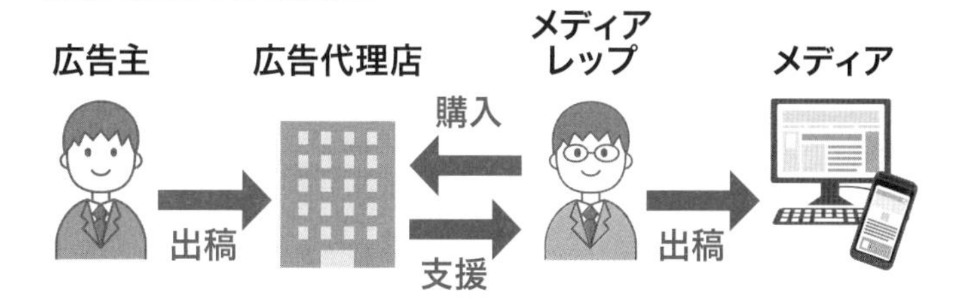

SUMMARY

➡ ネット広告は、自分で直接出稿することもできるし、広告代理店を通して出稿することもできる

SECTION 03

ネットに広告を出すために必要なもの

概要

●媒体に合わせたテキストと画像、予算

ネット広告を出すためには、広告に使用するテキストや画像などの素材、そして出稿のための予算が必要です。

広告に使うテキストや画像は、広告を見たユーザーに次の行動を起こしてもらうためにも非常に重要な要素です。的確なキャッチコピーや、ユーザーの目を引く画像を用意しましょう。

なお、写真やイラストだけが画像ではありません。キャッチコピーを際立たせるために色無地の背景を使う方法もSNSではよく見かけます。

また、ネット広告を出すための予算もあらかじめ考えておきましょう。ネット広告もその形態によってかかる費用が異なります。本書で紹介する各広告の特徴を参考にしながら、自社商品やサービスに一番適していると思うメディアを選んで、先に予算を把握しておくことが必要です。

ネット広告出稿の前に用意したいもの

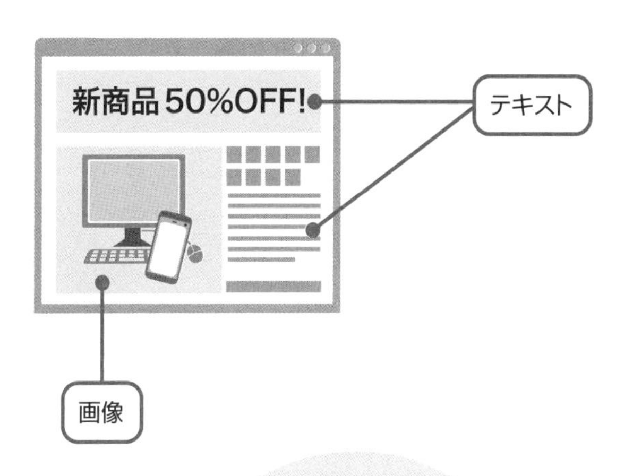

出稿したい
ネット広告の種類

出稿期間や
規模

デザインを
どこに頼むか？

etc.

おおよその予算を計算してみる

純広告と運用型広告の違い

広告には、主に純広告と運用型広告の2種類があります。出稿したい媒体を決めてそのWebサイトの広告枠を購入することを、純広告（予約型広告）といいます。広告主は、よく検索されるWebサイトのバナーや記事本文の左右にあるレクタングル（長方形）広告の場所を買い、あらかじめ広告掲載期間や掲載面、配信量を決めておきます。広告料金は高めですが、**配信数、配信先が保証されるというメリット**があります。

運用型広告は、検索連動型広告とも呼ばれ、ユーザーの検索キーワードに連動する形で広告掲載するしくみです。検索キーワードは入札で購入します。高値を付ければ検索結果に上位表示されるしくみです。比較的低価格からでも出稿できます。また、ユーザーの閲覧履歴から自動的にその人が必要としているだろうと思われる情報を判断して広告が配信されます。リアルタイムで解析ができるので、クリック率の増加や「購入」「申し込み」などのコンバージョンにつながらなければ、停止したり、テキストメッセージやデザインを変更したりと、**広告出稿後も自由に調整できるのがメリット**です。

純広告と運用型広告の表示の違い

純広告の例

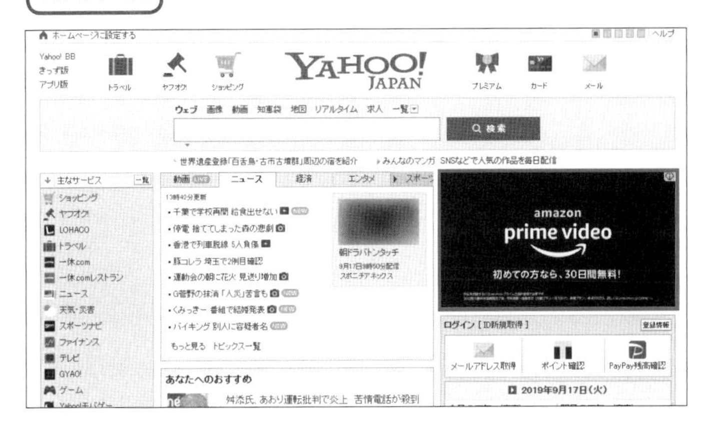

運用型広告の例

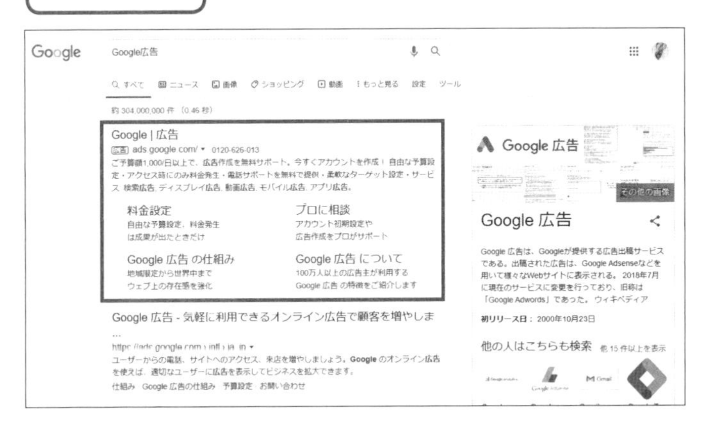

ランディングページって何？

ネット広告に表示するサイトのリンク先になるのが、ランディングページ（プロモーション用Ｗｅｂサイト）です。ランディングページは多くの場合1ページで、その中に、画像や動画をテキストメッセージと共に盛り込み、商品やサービスを紹介していきます。そして、サイト閲覧者にメッセージを読み込んでもらい、最後に「購入」や「申し込み」に導くしくみです。

ランディングページでは、広告をクリックしてやってきたユーザーに、「このページには私が探していた情報が詳しく掲載されている」と思ってもらえるように、商品やサービス内容を具体的に伝えることが重要です。広告を見て興味を抱いているユーザーに、商品やサービスの魅力をより具体的にプッシュして、最終的に「購入」というボタンをクリックさせるように導いていきます。

ランディングページは、自分で制作することも可能です。様々なランディングページを参考にしながらコンテンツを検討するとよいでしょう。また、Ｗｅｂデザイナーや専門の業者などに頼んで、本格的なページを作ることもできます。こちらも予算と合わせて、検討しておくとよいでしょう。

ランディングページの例

SUMMARY

➔ 広告で商品に興味を持ったユーザーに対して、ランディングページでは商品の魅力をより具体的に伝えて、購入を促す

SECTION 04

広告を出す目的をはっきりさせる

概要

広告の具体的な目的・目標を立てる

インターネットに限らず、広告を出稿する際には、具体的な目的を考えましょう。単に売上を上げたいからといきなり広告を出しても効果が出るわけではありません。重要なのは課題や目的を明確にすることです。そしてネット広告を出すことによって何を得たいのか、何を解決したいのかをクリアにすることが必要です。

目的が決まったら、目標となる数字を描きます。例えば、「この広告で○○件の新規入会を増やしたい」「この新商品を○○○個売りたい」「このサービスを○○人に広めたい」などと具体的に数値を決めます。そして広告掲載後に、目標とした数字に貢献しているか否か効果測定していきます。目標とする数値がないと、どこがよくて、どこが問題あるかもわからずに時間だけが過ぎ、広告費だけ加算されていってしまいます。広告の効果を上げるためには、広告やランディングページの内容を具体的に分析し、改善していくことが必要なのです。

目的を具体的な数値目標に落とし込む

目的を考える

商品の認知度を上げたい
商品の購入数を増やしたい
資料請求数を増やしたい
etc.

具体的な目標にする

1か月間のPV ○%UP	商品の販売個数 ○個以上	資料請求数 ○%UP

課題（目的）に適した広告の種類

自社のビジネスで、今抱えている課題は何ですか？　ネット広告の種類を選ぶうえで、課題・目的を決めるのは非常に重要です。なぜなら、課題解決のために選ぶ広告も変わってくるからです。

商品購入率を高めたい場合は、ネットショップ等のコンバージョン（購入）率を上げる施策が必要です。この場合には、リターゲティング広告やリスティング広告が向いているでしょう。商品によっては、アフィリエイト広告が向いている場合もあります。

自社のサイトをもっと見てもらいたいという場合は、SNS広告などがおすすめです。

通販サイトでの定期購入を増やしたい場合は、メール広告などで定期的に顧客にとって有益な情報を発信していき、コミュニケーションを増やしていくのがおすすめです。メルマガ限定クーポンなどを入れるとよいでしょう。

他にも、ネット広告には様々なものがあります。これらに関する詳細は、2章で解説していきます。

目的から適した広告の種類を考える

広告の種類	目的
アフィリエイト広告	コンバージョン率UP
リスティング広告	
リターゲティング広告	WebサイトUP 滞在時間UP
SNS広告	
ネイティブ広告	
アドネットワーク広告	PV数UP
純広告	

SUMMARY

広告の種類ごとに想定される効果は異なるので、目的に合った広告を選ぶ

SECTION 05

概要

ターゲット設定によって適切な広告は変わる

ターゲット設定の重要性

広告の目的を考えたら、それと一緒に自社の商品やサービスのターゲットとなる人物像を決定しましょう。その人は、主にどんな地域に住み、どんな趣味、嗜好があるのでしょうか？　ターゲット設定は非常に重要です。予算を費やしてページビューを上げたとしても、ターゲットとしている人にメッセージが届かなければ、その広告は無意味なものになってしまいます。

特に、広告出稿の際のターゲット設定は、２つの方向性に分かれます。１つは趣味、興味、関心事など嗜好性によるもの、２つ目は住んでいる地域、年齢、性別、学歴、年収などその人の所属によるものです。自社の商品は特にどちらの方向性に向けたものか考えてみましょう。

できるだけ具体的にターゲットを絞り込み、その理想とするターゲットに向けて、適切な広告を選んだり、画像やキャッチコピーを準備したりすることが重要です。

ターゲティングの方向性

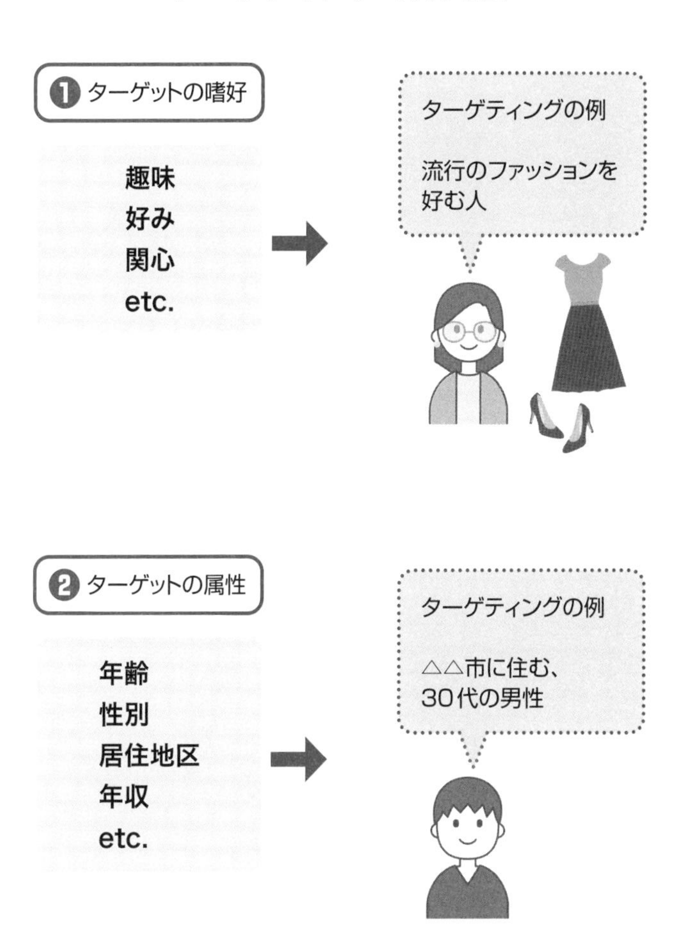

関心度に合わせて広告を変える

ターゲットが自社の商品やサービスにどれだけ関心を持っているか、ということでも、適した広告を絞り込むことができます。

ほとんど興味を持っていない「無関心層」には、リーチが大きい広告を使うのが効果的です。純広告や記事広告、動画広告、SNS広告などが該当します。

潜在的なニーズを持っている「潜在層」には、商品やサービスに興味がありそうな人にどれだけリーチできるかが鍵になります。前出した広告に加え、アフィリエイト広告や、リスティング広告も効果的だといえます。

すでに商品に興味を持っている「顕在層」は、探している商品やサービスがある程度決まっています。キーワード検索が行われた際に、そのキーワードに紐付けて広告を表示するリスティング広告が適しています。また今回は購入に至らなかった場合の再アプローチとして、リターケティング広告を併用すると効果が高まります。

「顧客層」は、すでに一度商品購入している人たちです。今後も顧客でいてもらうために、良好なコミュニケーションを築いていかなければなりません。SNSやメールマガジン等で顧客の興味や関心に沿った情報を配信していくのがよいでしょう。

ネット広告の種類とターゲットの関心

広告の種類	ターゲットの関心
純広告	無関心層
ネイティブ広告	
動画広告	潜在層
SNS広告	
アフィリエイト広告	顕在層
リスティング広告	
メール広告	顧客層

SUMMARY

ターゲットとする人たちがどの程度の関心を持っているかによって、適している広告の種類も異なる

SECTION 06

目的とターゲットから選ぶネット広告の例

概要

「商品やサービスの認知度を上げたい」無関心層に向けた広告

ここまで、広告を出稿する際の目的や、ターゲットの関心度などについて解説してきました。これらのことを組み合わせて、広告を選ぶ例を解説していきます。

まずは、目的は「商品の認知度を上げる」、ターゲットは主に無関心層の場合です。この場合のおすすめは、アドネットワーク広告、動画広告、SNS広告です。

アドネットワークは、広告素材をアドサーバーに入稿し、同時に多数のWebメディアに配信する方法です。たくさんのユーザーに接触できるので、予測しなかった新規顧客にあたることもあります。

また、動画広告は、短時間で商品やサービスを視覚的にアピールすることができ、興味・関心を持ってもらうには効果的です。他にもSNS広告は、SNS上に他の投稿と同じように表示されるので多くの人に見てもらえる確率も高く、的確にターゲティングすれば狙った層への認知度のアップを期待できるでしょう。

広告の露出の場を増やし積極的にターゲットにアピールする

一度に複数のメディアに出稿できるアドネットワーク広告

ターゲットの目を引きやすい動画広告

気になる

ターゲティングがしやすく、多くの人が閲覧するSNS広告

ファッション好きな女性

20代の会社員

「購入検討候補に入れてもらいたい」潜在層に向けた広告

次は、目的は「商品を探している人の検討候補に入れてもらいたい」、ターゲットは潜在層、という場合です。彼らに対しては、まだ気付いていない課題を掘り起こし、今まで必要性は感じなかったけれど、なるほどそういう商品もあるんだと思わせることが必要です。

ここでも、前述したアドネットワーク広告は有効でしょう。この場合は、無関心層に向け広く出稿するのではなく、想定するターゲットの属性から出稿先のＷｅｂサイトを絞って出稿していきます。

また、アフィリエイト広告も有効です。潜在層にとっては、興味のある分野のＷｅｂサイトを見ていたら、気になる広告が表示されていてクリックしてみる、ということが起こりえます。アフィリエイト広告は、個人が運営しているものもありますが、潜在層向けには企業運営サイトのほうが、ニーズの掘り起こしに向いているでしょう。

他にも、キーワードの選定にもよりますが、潜在層が何か気になることを検索した際に表示されるリスティング広告も、一定の効果はあるでしょう。

ターゲットを絞り込んで商品の存在を知ってもらう

アドネットワーク広告はある程度メディアを絞り込んで出稿する

ターゲットの関心に沿いやすいアフィリエイト広告

「購入検討中の人に購入を決めてもらいたい」顕在層に向けた広告

顕在層は、商品やサービスをすでに知っている、もっとも購入確立の高い層といえます。彼らを購入のアクションまで持っていくには、商品の具体的な魅力の説明や、あとひと押しのアピールが必要でしょう。

前述のアフィリエイト広告は、この場合でも有効です。アフィリエイト広告は、企業のWebサイトだけでなく、個人のブログやWebサイトにも提供されています。この場合、個人のブログで商品の口コミなどとともに広告を掲載してもらえると、顕在層のユーザーは背中を押されて商品を購入したくなるでしょう。

また、リスティング広告も有効です。すでに商品を知っているユーザーなので、商品名で検索する可能性があります。そこに広告が表示されることで、「これが気になっていた」と広告をクリックしてくれる可能性があります。その先のWebサイトやランディングページでのPR次第では、購入までつなげられます。

また、リスティング広告で購入に至らなかった場合の再アプローチとして、リターケティング広告と併用すると効果の高い広告になります。リターケティング広告とは、過去にWebサイトを訪れたユーザーに同じ広告を表示することができる手法です。

広告で商品の購入までのひと押しをする

商品の具体的な口コミなどで購入を促すアフィリエイト広告

商品名で検索したターゲットに確実にリーチするリスティング広告

リターゲティング広告との併用もおすすめ

「購入につながったお客様を固定客にする」顧客層に向けた広告

商品やサービスの購入、利用経験のある既存顧客を一度のお試し体験だけで終わらせてしまうか、リピート購入を促して固定客として育てていけるかは、ユーザーとのコミュニケーションの深さによります。ユーザーにとって興味、関心がある情報を定期的に配信することで、その絆が深まっていきます。ではコミュニケーションの深さを高める広告にはどんなものがあるでしょうか。

メール広告は、自分が興味のある分野からの配信を許可したメンバーに定期的に配信される会報誌の電子版です。購入のお礼とともに、次回購入時に使えるクーポンなどをメールマガジンのヘッダーやフッターに表示してリピート購入を促せます。

同様に**リターケティング広告**も、一度サイトに訪問し購入につながったユーザーに対して有効です。商品を忘れさせないための施策です。

また、**SNS広告**で「いいね！」を増やし、商品やサービスの更なるファンを増やしていくのも大切です。自分が購入した商品やサービスを他の人も好んでいると、自分の見極めに対する安心感と自信につながり、リピート購入したくなるものです。

商品を継続して購入してもらうために接点を持ち続ける

顧客にお得なクーポン情報などを配信するメール広告

お得だから
また買おう！

サイト訪問者に広告を表示するリターゲティング広告

以前買った
商品の広告だ！

ファンとのコミュニケーションも取りやすいSNS広告

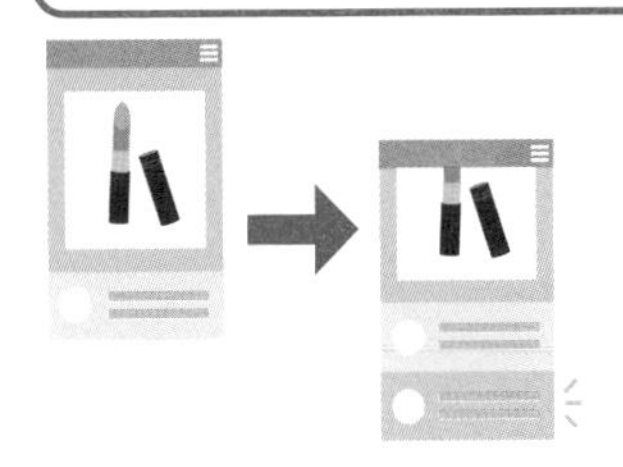

商品の感想を
書いたら
返信してくれた！

COLUMN

スマートフォンでの広告

平成時代の大革命、スマートフォンの普及により、広告市場は大きく変化していきました。今では街中でスマートフォンを触っていない人を見付けるのが難しいほど、その普及率はどんどん高くなっています。背景にはネットワークの高度化があります。4Gの普及と2020年には5Gの対応も本格化し、PCと違い、立ち上げる必要のないスマートフォンは、いつでも気軽に必要な情報を検索できるメリットがあります。

この状況にともないスマートフォン向けの広告は外せないものになってきました。

一方で、スマートフォンは画面表示が小さいため、誤って広告をクリックしたが、実際は読んでいない人が多いということもアンケート調査の結果で指摘されています。クリック型課金の広告出稿は、クリックされたあとの行動にどのぐらいつながっているかを考えて出稿した方がよいかもしれません。

スマートフォン広告に限らず、広告出稿の際に必要な事は、最初に広告出稿の目的と予算を決めること、そして実施した結果を分析し、次の戦略を考えること、この繰り返しが必要です。

2章

ネット広告の種類

SECTION 07

ネット広告には様々な種類がある

基本

表示形式と表示形態による種類の違い

この章では、ネット広告の種類ごとに、その特徴や効果的な出稿方法を解説していきます。まずはネット広告の大まかな分類を見てみましょう。

まずネット広告は、表示形式により4つに分類されます。PC型、フィーチャーフォン型（ガラケー）、スマートフォン型、SNS型です。同じ広告でも、表示される媒体によって見た目は変わってきます。そのため広告デザインを考える時は、レスポンシブデザイン（媒体によって自動的に最適化されるデザイン）で考えないといけません。

また、表示形態は大きく分けて、リスティング広告、アドネットワーク広告、ネイティブ広告、SNS広告、アフィリエイト広告、動画広告、メール広告の7つに分類されます。この章では、主にこの分け方に従って解説をしていきます。それぞれのメリットとデメリットを理解して、自社の目的に合ったものを選んでください。

ネット広告の表示形式と表示形態

表示形式

PC型

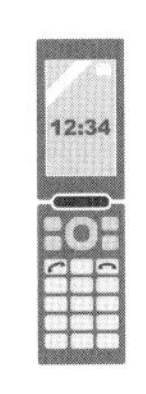

フィーチャーフォン型

スマートフォン型

SNS型

表示形態

- リスティング広告
- アドネットワーク広告
- ネイティブ広告
- SNS広告
- アフィリエイト広告
- 動画広告
- メール広告

※古い機種のフィーチャーフォンでは、設定によって広告が表示されないこともある

料金形態による違い

また、ネット広告の分類としては、料金形態による違いもあります。

固定的に金額が発生する広告としては、一定の期間、広告を掲載するものや、一定のインプレッション数（広告の表示回数）を保証するものがあります。

一方、ネット広告で多い料金形態が、**課金型**です。これは、様々な要素に応じて、料金が課金されていく形です。

課金型の種類としては、まずは**インプレッション課金型**が挙げられます。これは、広告が表示される回数によって、料金が課金されて決定する形式です。また、広告がクリックされる回数によって課金がされる**クリック課金型**もあります。

他にも、コンバージョン（商品購入などの成果）によって料金が課金される形や、動画広告の場合、再生される回数に応じて料金が課金される形もあります。

課金型は、料金があらかじめ固定されているタイプに比べ、費用対効果も高く、また少額からでも始めやすいという特徴があります。これらの料金形態は、ネット広告の表示形態によって異なります。この章で解説していくので、参考にしてください。

固定型と課金型の違い

固定型

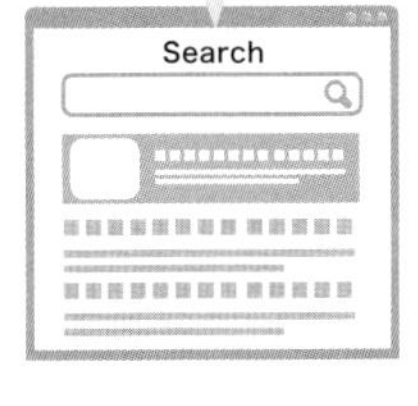

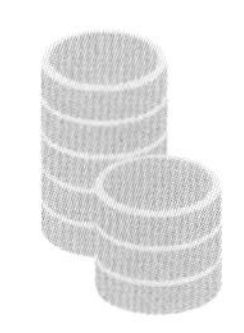

あらかじめ金額が
決まっている

課金型

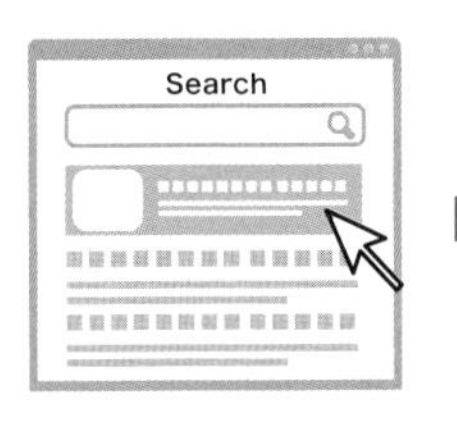

○○クリックごとに△円

○○回再生ごとに△円

設定された項目に合わせて
金額が決まる

SECTION 08

購買意欲高めのターゲットに訴求するならリスティング広告

基本

リスティング広告は主に検索エンジンに連動して表示される

Ｇｏｏｇｌｅやｙａｈｏｏ！で検索を行った際に、キーワードに合致した検索結果の一覧に表示されるのが、リスティング広告です。ユーザーの検索キーワードに応じて表示されるので、ユーザーにとっては、すでに興味・関心のある事柄にまつわる商品・サービスの広告が表示されるため、クリックされる確率も高くなります。料金はクリックに応じて課金されることから、ＰＰＣ広告（クリック課金型広告）と呼ばれます。

Ｇｏｏｇｌｅ広告とＹａｈｏｏ！広告は、独自の配信ネットワークを組んでおり、提携したパートナーサイトにも同じ広告が配信されます。どちらもメールアドレスと広告のリンク先となるＷｅｂサイトを登録するだけで、すぐに開始できます。

なお、Ｙａｈｏｏ！広告は、自動で広告文の作成まで行ってくれます。また、Ｇｏｏｇｌｅ広告は、配信の曜日や時間などを指定でき、複数の媒体の表示にも対応しています。どちらも始めやすいネット広告といえるでしょう。

検索結果画面に表示されるリスティング広告

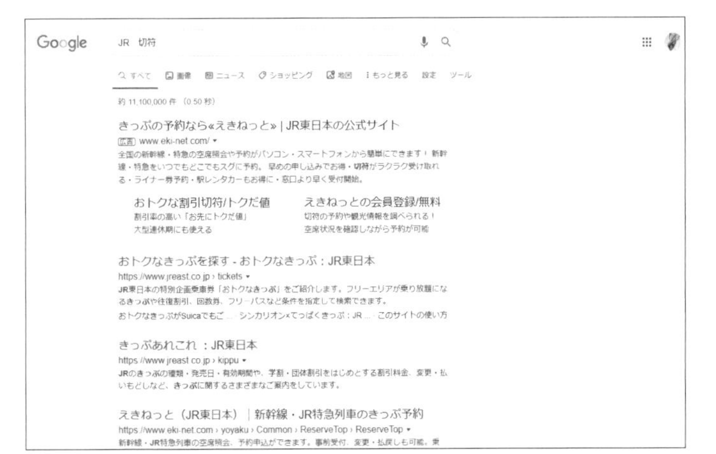

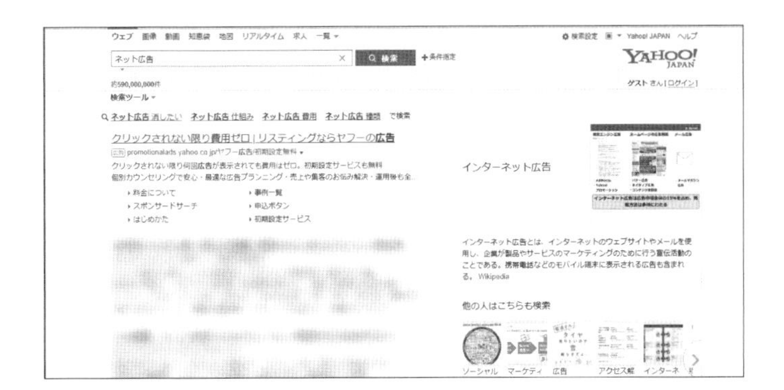

リスティング広告のメリット

キーワード検索結果に表示された商品やサービスは、すでにユーザーの興味・関心が高いことを意味します。あなたも探している商品やサービスを見付けたら、もっと知りたいとクリックして本文を読みたくなりますよね。リスティング広告は、関心度の高いユーザーに向けて広告表示されるので、非常にクリックされやすい状態を作ることができるのです。つまり**広告が表示されるだけで、見込み客＝顕在層にアプローチできている**ということです。

料金はクリックごとに課金されていきますから、クリックされなければ料金はかかりません。一方で、多くのユーザーにクリックされれば、それだけ課金されてしまいますから、広告のキーワード選定は重要です。クリックの度合いをみて、ターゲットを絞り込んだり、クリックされているのに、購入などの行動につながる率が少なければ、広告のテキストを変更してみたり、と効果の度合いを測りながら進めるとよいでしょう。

また最初に予算を決めないと、気が付いたら高額になっていたというケースもあるので出稿の際には、あらかじめ予算の上限を決めておきましょう。

キーワード検索と連動して顕在層にアプローチしやすい

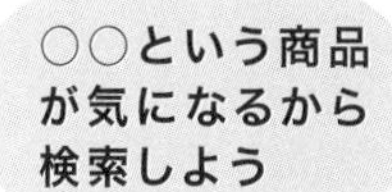

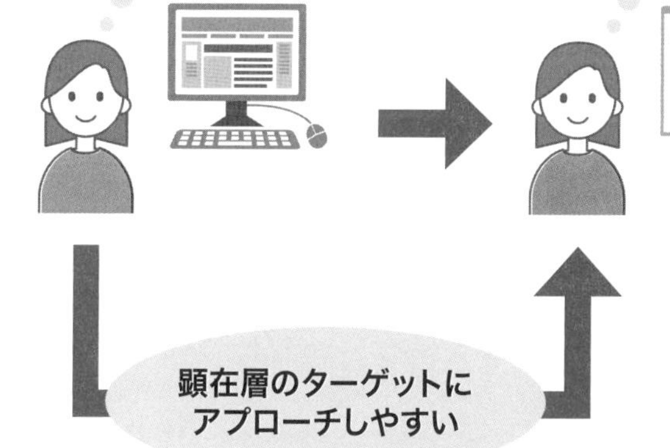

SUMMARY

➔ リスティング広告は、出稿後もクリック率やコンバージョン率を確認しながら、キーワードなどを調整する

リスティング広告の入札制と表示のしくみ

リスティング広告は、ユーザーの検索結果に表示されることはすでに説明しました。では、その表示の方法は何に紐付いているかというと、ユーザーが検索する「キーワード」です。広告を出稿する際、表示させたいキーワードを指定して、そのキーワードにいくら課金できるかを提示して入札します。料金は、「1クリック○円」という形で課金されます。そして、そのキーワードの入札額がもっとも高い広告から上位に表示されるしくみです。

例えば「美容院」というキーワードに1クリック100円で設定したとします。他社が150円や180円を提示すれば、あなたの広告は、検索結果の3番目に表示されるというわけです。

ただし、GoogleやYahoo!では、リンク先に検索結果に連動したページが用意されているかどうか、ということも検索順位を決める要件になってきました。リンク先のページは、品質スコア（Yahoo!では品質インデックス）によって評価されます。ユーザーのクリック数が多ければ、品質スコアの評価も上がっていくしくみです。

入札金額によって表示順位が決まる

入札金額と表示順位の例：「美容院」というキーワード

入札金額		広告の表示順位
A店 150円		C店 180円
B店 100円	→	A店 150円
C店 180円		B店 100円

SUMMARY

広告の表示順位は、入札金額とランディングページの内容、キーワードとのマッチ率の内容などから評価される

キーワード選定のコツ

効果的なキーワードを選定するコツは、ターゲットが検索しそうな言葉を考えながら、範囲を絞り込んでいくことです。

例えば「横浜　肩こり　整体」なら横浜地区にある肩こりを軽減する治療院が出てくることでしょう。「チワワ　ハーネス」ならチワワに特化したペット専門店が表示されることでしょう。

キーワードの設定は、「地域名+商品またはサービス名」「地域名+業種名」が基本です。この時、地域名はあまり広範囲なものは選ばないようにしましょう。「大阪府+税理士」では、たくさんの税理士さんが検索されますが、「堺+税理士」なら、堺市に絞って検索されます。地域をある程度絞ると上位表示されやすくなりますし、表示される結果に対しクリックされる確率も高くなっていきます。

なお、ランディングページにも、設定したキーワードを自然な形で7~8個入れておくと、より効果的です。中には検索結果で広告表示されたサイトより、通常の検索結果で上位表示されたサイトをクリックするユーザーも少なくありません。ぜひトライしてみてください。

キーワードの組み合わせの基本

規模を絞り込みながら選定することで、効果的なキーワードを探す

SUMMARY

広告で選定したキーワードは、Webサイトやランディングページにも盛り込んでおくとより効果的

SECTION 09

「見てもらいたい」ターゲットに確実に届くアドネットワーク広告

基本

様々なWebサイトへ広告配信できるしくみ

アドネットワークは、一回の広告出稿で多くのメディアに一括配信表示されるしくみです。リスティング広告と異なり、検索結果以外のメディアにも表示されるので、広くネットユーザーに接触できるチャンスがあります。また、メディアと提携しているスマートフォンアプリなどにも広告が配信されます。

広告費は、リスティング広告同様に「クリック課金型」や「インプレッション課金型」などの入札制です。

広告は、ユーザーのネットの閲覧履歴や検索履歴に応じて表示されます。例えば、リンパマッサージに興味を持っているユーザーが、職場から近くて値段も手頃なサロンのサイトを見ていましたが、表示されたサイトはすぐに閉じてしまいました。しかしそのユーザーが後日インターネットを閲覧していると、自動でリンパマッサージに関する広告が表示されます。これはアドネットワーク広告のしくみによるものです。

アドネットワーク広告が配信される流れ

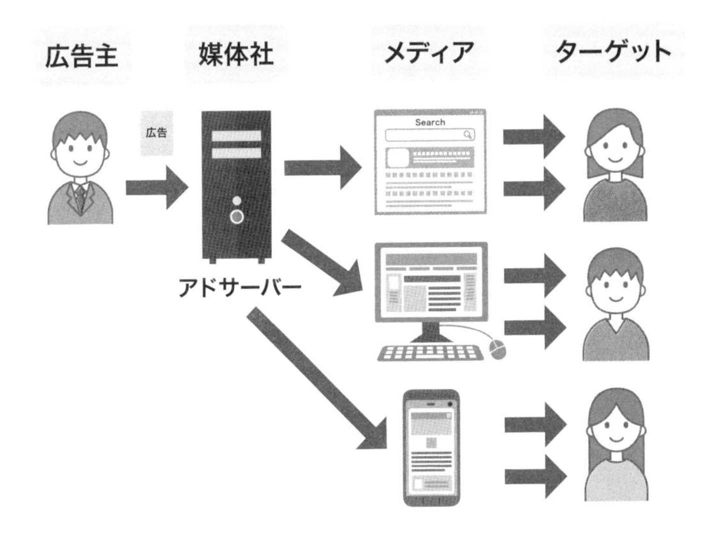

アドサーバーによって広告が複数のメディアに表示される

SUMMARY

アドネットワーク広告のしくみによって、ユーザーのネットの閲覧履歴や検索履歴に応じた広告が表示される

アドネットワーク広告のメリット

掲載する媒体に向け、サイズやテキストを調整しなければならない純広告と違って、アドネットワークのメリットは、ひとつの広告配信でたくさんのWebメディアに出稿できるのが大きなメリットです。

また、検索結果画面以外のメディアにも掲載されるので、それまで思いもしなかった新しい顧客の獲得にもつながることがあります。

課金方法も統一されているため効果測定しやすく、広告費全体の予算計上もかんたんに済むのも特徴です。広告表示された数やクリックされた数が明確な数字で料金に反映されているので、広告費の費用対効果を測定しやすく、改善点があればすぐに修正することができるのもメリットといえます。

なお、多くのアドネットワークの媒体企業では、専用のタグを自社メディアに設定するだけで、広告が自動的に表示されるようなしくみを採用しており、広告関連の業務に割く時間を大幅に削減することもできます。

このように、手軽に行えて広い層のターゲットにアピールできる広告が、アドネットワーク広告です。

アドネットワーク広告は多くの人にリーチしやすい

広告がいろいろな人の目に届く

料金が明確で、効果測定もしやすい

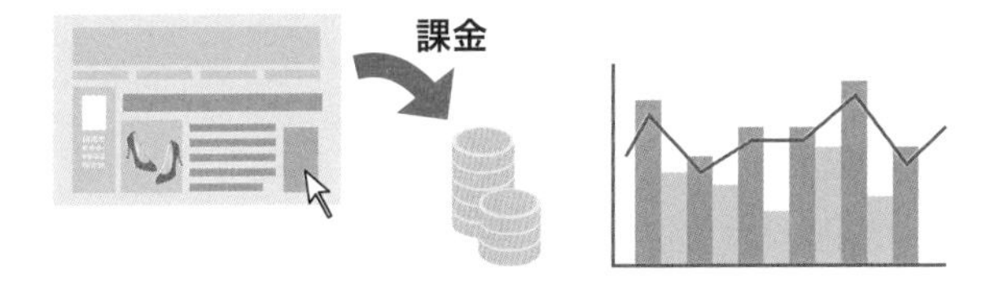

広告の設定がかんたんで、複数のメディアに出稿できる

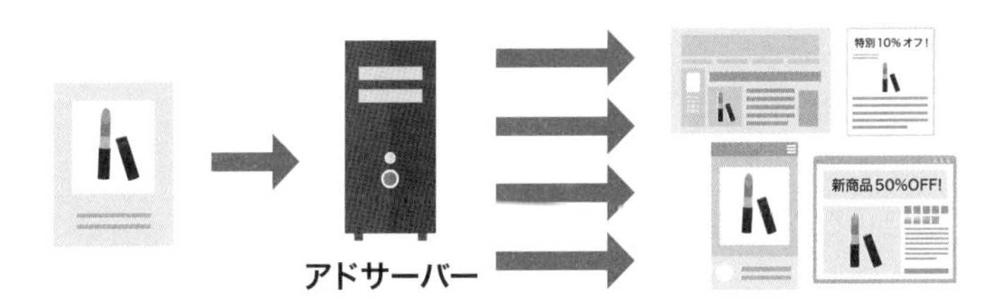

アドネットワークのターゲティングのコツ

アドネットワーク広告は、理想とする顧客層に絞って出稿することができます。広告の効果も違ってくるので、ターゲティングのコツを知っておきましょう。

ターゲティングは、属性ごとに「人」を絞ることもできますし、広告掲載する「場所」（Ｗｅｂサイト）を指定して配信することもできます。

「人」に絞る場合は、自社の商品・サービスに興味がありそうな年代で絞り込んだり、特定の地域の人へ絞り込んだりするのもよいでしょう。自社の商品・サービスが「人」に関する属性によってターゲティングできそうな場合は、この方法が有効です。

また、「場所」に絞る場合は、指定するキーワードが掲載されているサイトに絞って広告配信するものや、Ｗｅｂサイトの掲載位置を指定して配信するものなどがあります。特定のジャンルに興味がある人に広告を見てもらいたい、などという場合には、このようなターゲティングも有効です。

なお、費用対効果が高いといわれているリターゲティング広告も、正確にはアドネットワーク広告の一部となります。これについては、86ページから解説します。

「人」や「場所」で絞り込む

広告を見てほしい「人」で絞り込む

年齢
性別
趣味
etc.

広告を掲載する「場所」で絞り込む

SECTION 10

基本

高精度なターゲティングと若年層への訴求も得意なSNS広告

SNS広告の特徴

SNS（ソーシャルネットワーキングサービス）広告は、かんたんに出稿できる広告です。もっともハードルの低いネット広告といってもよいかもしれません。Facebook、Twitter、Instagramなど、多くのユーザーが使用しているSNSの画面上に、自社の広告を表示させることができます。SNSの利用者の増加にともなって、見逃せないネット広告のひとつとなってきました。

特に、Facebookにはユーザーの職業や出身校、興味・関心ごとや住んでいる地域など、広告配信に必要なターゲティング属性が保存されているので、広告を出稿するうえでも重要な媒体です。独自アカウントを持つ企業や店舗なども増え、積極的に情報配信しています。

また、SNSでは広告へのリアクションも確認しやすく、どんな受け止められ方をしているかの反応を即時に見ることができ、広告の改善にも役立ちます。

様々なSNSに表示される広告の例

SNSごとの特徴

SNSにも、それぞれ特徴があり、利用しているユーザーの層も異なります。自社の商品はどのSNSが向いているか、特徴を知って検討しましょう。

Facebookは、実名登録が推奨されているため、リアルな友人、知人との繋がりも多く、登録情報も幅広いので、**特に広告でターゲティングしやすいSNS**といえます。30代から60代まで利用している年齢層も幅広いのが特徴で、信頼感が重要な業種などの広告にも向くでしょう。

Instagramは、写真投稿がメインのSNSです。**「インスタ映え」**と呼ばれる見栄えのよい画像を投稿すれば、一気に注目を集めることができます。特に20～30代の女性ユーザーが多く、彼女たちが興味を持つような、美容・ファッション・飲食などの業種の広告は、大きな効果が見込めます。

Twitterは、匿名登録ができ、**投稿の内容によっては一気にバズる**（拡散する）ことも可能なSNSです。利用者は10代から20代がメインといわれています。Twitterに広告を出す場合は、画像やテキストがユーザーに面白い・拡散したいと思ってもらえる内容であることが重要でしょう。

SNSごとの特徴を把握する

Facebook

実名登録推奨
年齢層が広い
フォーマルなビジネスにも
向いている

Instagram

女性が多い
20～30代
美容・ファッション・飲食
などのPRに向いている

Twitter

10～20代
ツイートの内容次第では
バズることもある

ＳＮＳ広告の出稿のコツ

一般的にＳＮＳを利用する時は、スマートフォンを利用する人が多いといわれています。広告出稿する際は、スマートフォンで閲覧されることを前提にテキストや画像を用意しましょう。

例えば、自社商品が「写真」や「画像」で見せていくものだったら、Ｉｎｓｔａｇｒａｍに広告出稿するとよいでしょう。この時、撮影した画像に加工を加えるなら、どの画像も同じ雰囲気の加工をしておくと整合性がとれて認識してもらいやすくなります。

地域、性別、年代や職業を特定したユーザーにアプローチしていくなら、Ｆａｃｅｂｏｏｋが適しているといえます。Ｆａｃｅｂｏｏｋ広告は、細かくターゲティングをして、出稿することができます。理想となる顧客像を想定して広告出稿してください。

話題性を集めたいならＴｗｉｔｔｅｒ広告が適しています。ただし、基本的には若年層をターゲットとしている場合です。年齢層高めのターゲットを狙うのであれば、他のＳＮＳを考えたほうが無難でしょう。

様々なSNS広告のプラットフォーム

FACEBOOK for Business

https://www.facebook.com/business/tools/

Instagram Business

https://business.instagram.com/

SECTION 11

基本

多くの人に自然な形で見てもらえるネイティブ広告

ネイティブ広告は、ニュースサイトやキュレーションメディア（まとめサイト）に表示される広告です。**一見広告とはわからないほど自然に溶け込んでいるのが特徴です。**

ネイティブ広告の種類

ネイティブ広告にはいくつかの種類があります。

まずは**インフィード型**です。これはＷｅｂサイト上でコンテンツとコンテンツの間に挟まって表示されます。各ＳＮＳや、ニュースサイトやまとめサイトでよく見かける形です。

レコメンド型というものもあります。これは、記事の下によく出てくる「おススメ記事」のことです。「関連記事」とか「あなたへのおススメ」などと記載されています。

他にも、リスティング広告に似た形で、特定のＥＣサイト上で検索結果の上位に表示されるものや、通常の記事の形を取って、ある商品やサービスを宣伝する**記事広告**も、ネイティブ広告に当たります。

ネイティブ広告の主な種類と特徴

インフィード型

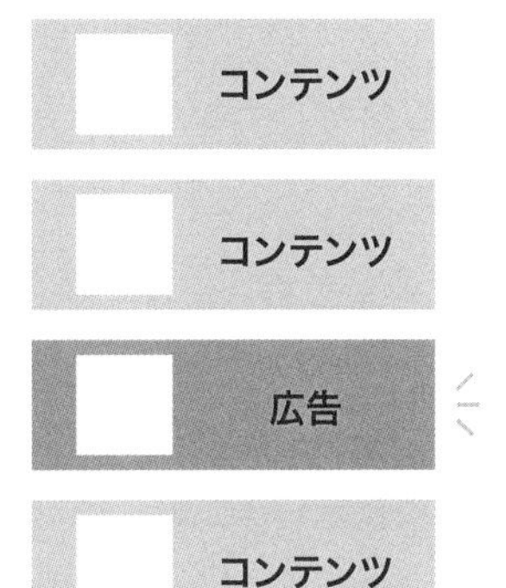

コンテンツの間に挟まれて表示される
主にFacebookなどのSNSやまとめサイトなどで表示される

レコメンド型

記事本文下に「おすすめ」の関連記事として表示される
主にニュースサイトなどで表示される

ネイティブ広告のメリット

ネイティブ広告のメリットは、クリックされる確率が高いことです。ユーザーが興味・関心を持って検索した情報ページ（ニュースサイトやまとめサイト）に、通常の情報と同じように広告が表示されているので、**広告とは考えずにクリックする人も多い**のです。

ＦａｃｅｂｏｏｋやＴｗｉｔｔｅｒを読んでいると、友達の投稿にまじって、気になる写真や文章の記事を見かけませんか？　記事風に書かれていると、一見広告とは思わずに、ついクリックした経験は誰しもあると思います。こういった記事には、よく見ると「広告」とか「ＰＲ」と記載されています。また、Ａｍａｚｏｎや楽天などのショッピングサイトで「他の人はこんな商品も買っています」という表示も同様です。

また、記事広告ではユーザーは普通の記事を読んでいるような気持ちでその内容を読み込むので、記事の内容が面白ければ自然に商品やサービスにも興味を持ってくれる可能性が高まります。

このように、ユーザーの目に露骨に広告だと思われない形でアピールできるのは、ネイティブ広告の大きなメリットでしょう。

ネイティブ広告はクリックされやすい

記事に広告の内容が
溶け込んでいるから
気にならずに読める!

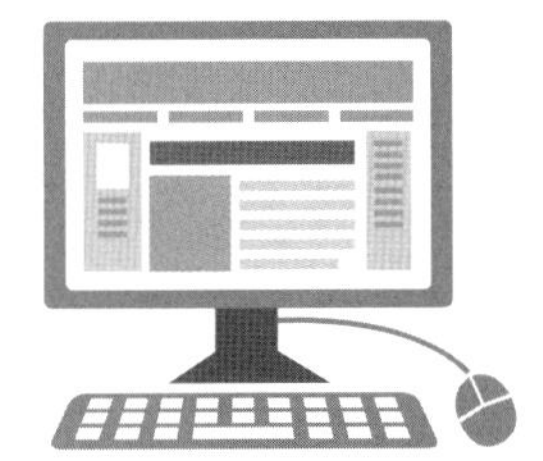

記事広告を作成したい場合はどうするか

記事広告は自然な形でユーザーに興味を持ってもらう効果の高い広告です。では、記事広告を作成する場合には、どうすればよいでしょうか。

基本的には、記事広告は、キュレーションサイトやニュースサイトなど、**独自のコンテンツを配信しているメディアと提携すること**が必要になります。出稿するには、まず自社の商品にあったメディアを選びます。この時、自社がターゲットにしている人たちが好みそうなメディアを選択しましょう。

記事は、用意したものを出稿する場合と、記者に執筆してもらう場合とがあります。いずれにしてもメディアの掲載許可を必要とします。

よくあるタイプの記事広告は、お悩みや探しているものを、「私もそうでした」と安心感を与えながら、でもそれは間違いでしたと逆転し、商品やサービスを紹介してWebサイトへ誘導する形です。そこでクリックされない場合には、更に経験談や商品誕生秘話などストーリー性のある内容に読み進ませるとコンバージョンに至る確率が高いといわれています。

記事広告出稿の流れ

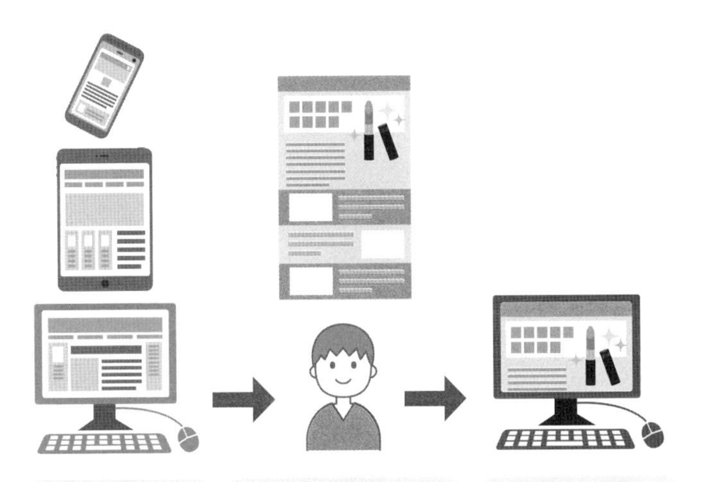

SUMMARY

ユーザーの悩みや疑問に答えるような内容を作成して、商品やサービスを紹介し、自社のWebサイトへと誘導する形の記事広告が多い

SECTION 12

基本

抜群の視覚効果で低関心層にもリーチできる動画広告

動画広告の種類

スマートフォン・タブレット普及率の上昇にともない、日常的に動画を視聴する人々が増加しています。こういった背景のもと、動画広告の市場も急成長しています。動画広告の種類も多くなってきましたが、本書では一般的なタイプについて解説します。

インストリーム型の広告では、YouTubeなどの動画コンテンツの前に流れる「プリロール型」や、広告表示数秒後にユーザーが視聴を選択できる「スキッパブル広告」、強制的に視聴させる「ノンスキッパブル広告」があります。

また、インバナー型は、動画内のバナー広告の中に表示されるタイプの広告で、インディスプレイ広告とも呼ばれます。一度出稿すれば、動画サイト以外の広告枠にも配信できるメリットがあります。

インリード型は、ユーザーがWebサイトのページをスクロールすると画面が出現して、動画広告が再生されるタイプの広告です。

2章 ネット広告の種類

動画広告のプラットフォームの例

YouTube 広告

https://www.youtube.com/ads

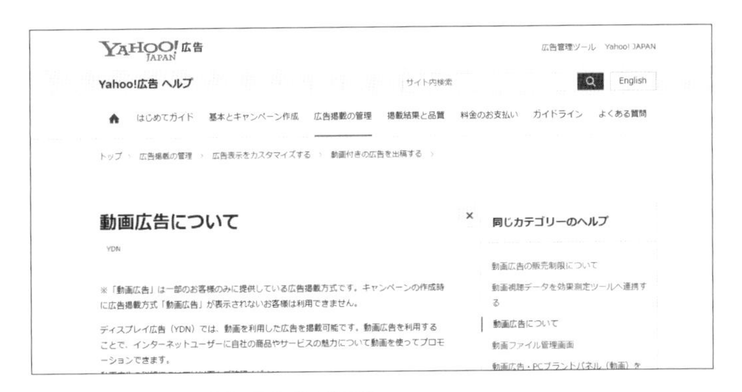

Yahoo!広告　動画広告について

https://ads-help.yahoo.co.jp/yahooads/ydn/articledetail?lan=ja&aid=12072

動画広告のメリット

人は90%以上の情報を「視覚と聴覚」から得るといわれており、動画は短時間で多くの情報を得ることができる視覚、聴覚をフル活用した広報施策です。パッと見た時のインパクトがあり、また、説明しにくい商品やサービスも動画なら細部に渡り紹介することができるのが最大のメリットでしょう。

また、視覚と聴覚でとらえた情報は、記憶に残りやすく、静止画に比べてユーザーに飽きられないので、最後まで見てもらえる確率も高まります。

そして、**動画を複数の場所で利用できる**こともメリットです。ひとつの動画を作ることで、広告出稿だけでなく、営業活動や説明会などのオープニング映像にも使用でき、自社PRとして幅広く利用できます。現在では、プレスリリースの一斉配信サービスにも動画投稿ができるので、動画は広報としての役目も担うようになってきました。

動画のクオリティが高ければ、広告視聴率も上がり、波及効果もあります。企業によっては動画広告をシリーズ化して作っており、ユーザーが目にとめる確率も高まってきています。

動画広告は多くのターゲットに見てもらいやすい

インパクトがあり注目してもらいやすい

動画で商品の詳細をわかりやすく伝えられる

広告以外の用途にも使用できる

動画広告に料金が発生するしくみ

ＹｏｕＴｕｂｅのインストリーム広告の場合、広告料金はクリック視聴単価制（ＣＰＶ）で課金される形と、インプレッション単価制（ＣＰＭ）があります。ＹｏｕＴｕｂｅは、ＴｒｕｅＶｉｅｗといって、完全視聴単価方式がとられており、広告の視聴を中断したり、スキップされたりすると課金されないしくみになっています。

クリック視聴単価制は、動画本編が表示される前に動画広告が再生されますが、５秒後にユーザーが視聴をスキップすることができます。５秒経過後もユーザーが動画を３０秒間視聴したか（３０秒以内の広告であれば最後まで視聴したかどうか）によって料金が発生します。

インプレッション単価制は、視聴回数に応じて料金が発生するしくみです。広告が１，０００回表示されるごとに料金が発生します。１，０００回までは、何度クリックされても料金は変わりませんから、予算計上しやすいのがメリットです。

どちらの方式がよいかは、動画広告出稿の目的によります。多くの人に視聴（認知）してもらいたい場合はインプレッション単価制、商品購入や入会申し込みを促す場合はクリック視聴単価制がよいでしょう。

クリック視聴課金制と
インプレッション単価制

クリック視聴課金制

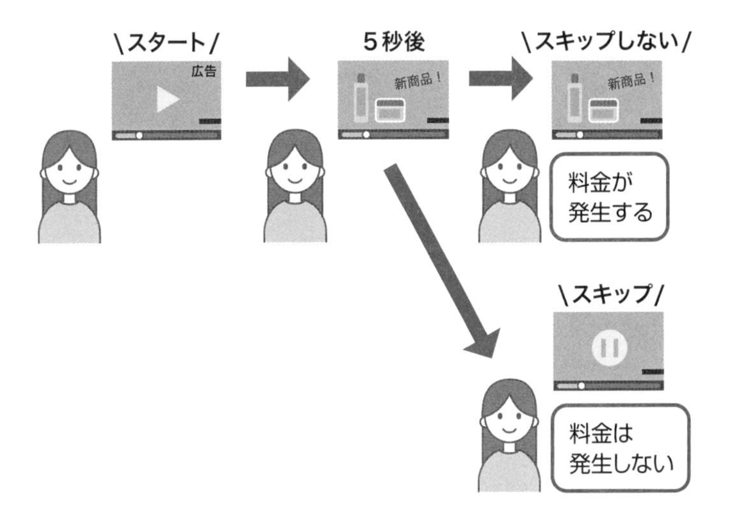

インプレッション単価制

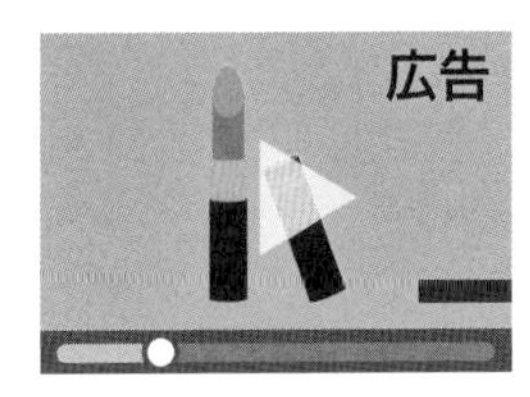

1,000回表示

一定の表示回数ごとに料金が発生する

SECTION 13

口コミ効果を狙う商品にはアフィリエイト広告

基本

アフィリエイト広告のメリット

アフィリエイトとは、広告主の商品やサービスの広告を企業や個人のＷｅｂサイトやメールマガジン、ブログ等で掲載してもらい、購入や申し込みを促す広告です。通常は「成果型報酬」で、広告をクリックしたユーザーがコンバージョンとなる行動を起こした場合に料金が発生するシステムとなっています。

行動が起きた時にだけ料金が発生するので、広告が表示されたりクリックされたりするだけでは費用が発生せず、比較的安価に広告掲載ができるのが特徴です。

また、広告掲載側のアフィリエイターが多くの報酬を得るために、成果につながる努力をしてくれるのもメリットです。つまり広告主は、自社では見付けられない潜在顧客にアフィリエイターを通してアプローチできる可能性が広がるわけです。

アフィリエイターにしても自分のＷｅｂサイトやブログがお金を生むことになり、双方にとってメリットのある広告といえるでしょう。

アフィリエイト広告のしくみ

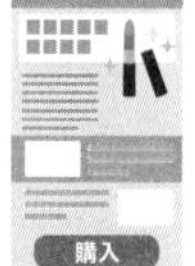

アフィリエイターが自分のWebサイトに広告を掲載する

Webサイトを見ていたユーザーが広告をクリックする

ユーザーが商品を購入するなどのアクションを起こす

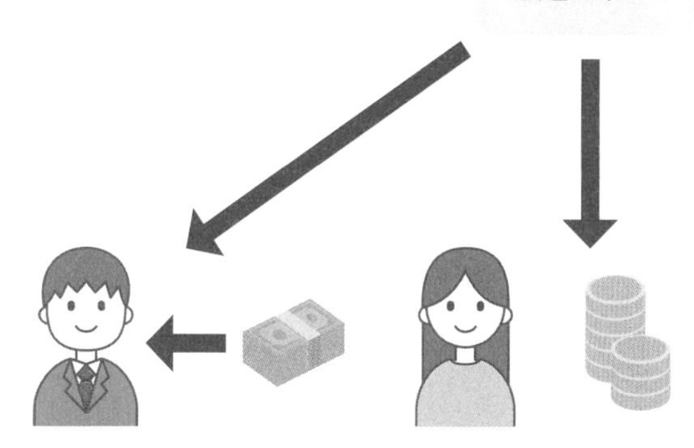

広告主に料金が発生する

アフィリエイターに報酬が支払われる

アフィリエイト広告の配信と料金発生のしくみ

アフィリエイト広告は、ASP（アフィリエイトサービスプロバイダー）によって運営されています。広告主は、ASPを経由して広告掲載を申し込みます。ASPの審査が通ればアカウントが発行されます。次に自社Webサイトに成果を計測するタグを埋め込み、正しく成果測定ができるかテストします。問題なく動くことが確認されたら、広告を用意します。

アフィリエイト広告は、成果報酬型ですが、ASPには毎月のサービス利用料の固定費が発生します。金額は会社によって様々ですが、30，000円～50，000円が相場でしょう。この経費は、広告が掲載されてから誰もコンバージョンせず、成果がなくとも発生するので注意が必要です。

ASPから広告が配信されたら、アフィリエイターから広告掲載の申請があります。その際、広告主はアフィリエイターの運営するWebサイトがどんな内容なのか、ひとつひとつチェックする必要があります。内容を確認して承認したら、実際の広告がアフィリエイターのサイトに掲載されます。あとはユーザーがその商品を購入した時だけ、料金が発生します。金銭のやり取りもASPを通じて行われます。

主なASPの例

バリューコマース

https://www.valuecommerce.ne.jp/

A8.net

https://www.a8.net/

アフィリエイト広告はアフィリエイターとの信頼関係構築がカギ

広告の効果を高めるためにも、アフィリエイターのサイト内容確認は非常に大切です。不適切なサイトに掲載されてしまうと、大事な商品に傷が付いてしまいます。また、多くの報酬を得ようと、アフィリエイターが広告前後のテキストに、提示していない効能や効果を入れ込んでしまう場合もあります。化粧品やサプリメントなど薬事法が絡む商品は、適時アフィリエイターのページを見て、不適切な表現がないかチェックすることも必要です。

アフィリエイト広告で重要な点は、アフィリエイターとの相互の信頼関係の構築です。商品の魅力を一番に伝えなければならないのは、まずアフィリエイターです。彼らに商品のよさや特徴、今後の発展の可能性を十分に理解してもらい、自分のサイトやブログで発信してもらわなければなりません。その商品の開発秘話や、商品に対する意気込みなどをアフィリエイターに伝え、定期的に商品情報や新製品の紹介などを発信し、まずアフィリエイターにファンになってもらい、長く掲載してもらうことが、その先のファン獲得につながります。

アフィリエイターに商品の魅力を発信してもらう工夫をする

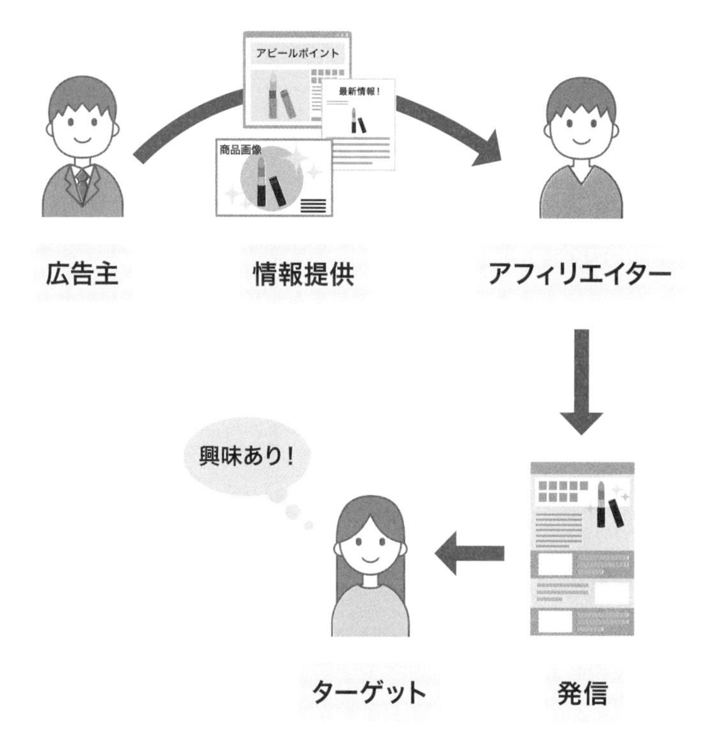

SUMMARY

アフィリエイターに、商品の魅力や画像、最新情報などをしっかり伝えて、それをターゲットに発信してもらうことが重要

SECTION 14

基本

関心の高いターゲットを取りこぼさず訴求するリターゲティング広告

リスティング広告と組み合わせると大きな効果を発揮する。

リターゲティング（リマーケティング）広告は、一度はサイトを訪れはしたものの、何らかの理由があって商品やサービスの購入に至らなかったサイト閲覧者に、再度広告配信する手法です。商品を思い出してもらい、購入を促す効果があります。リスティング広告と併用することでその効果が倍増します。

リスティング広告は、検索キーワードに連携して広告が表示されます。ユーザーは興味のあるサイトにアクセスします。つまり、サイト訪問の時点で十分に見込み客ですが、ユーザーは、商品比較検討のため競合や類似商品のサイトも訪問することが予想されます。そして同様に、すぐには商品購入まで結び付かなくとも、後日、競合他社も再訪問する可能性があります。その際、自然に自社商品を思い出してもらえるように広告表示されるのがリターゲティング広告です。ユーザーの行動心理に基づいて広告表示されるので、購入につながるケースが高いと考えられます。

リターゲティング広告が表示される流れ

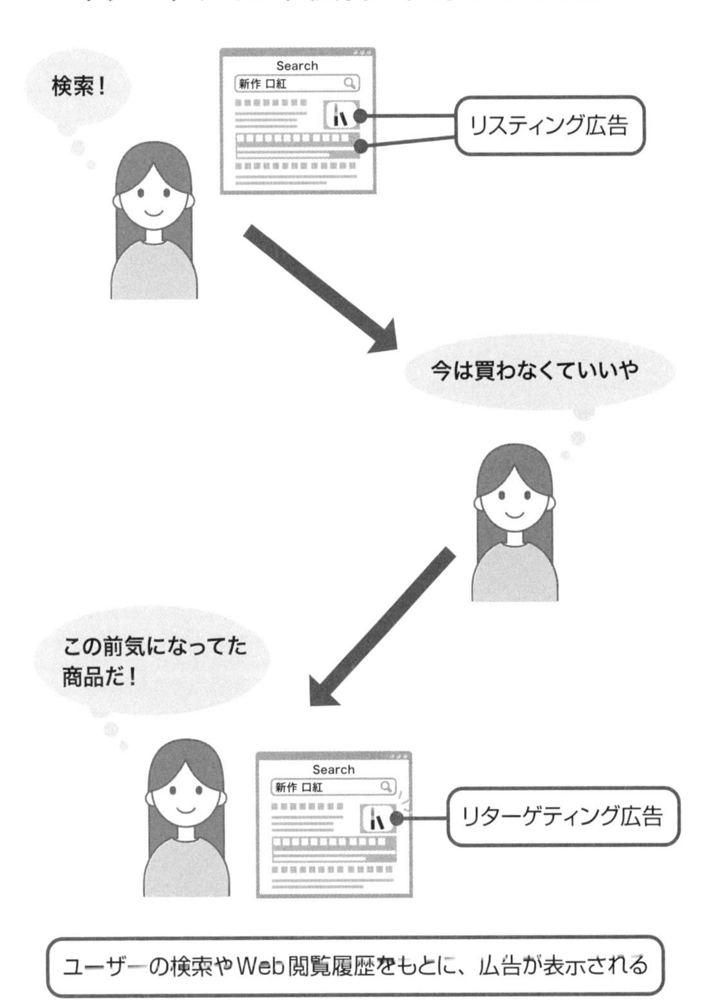

リターゲティング広告が表示されるしくみ

これまで、広告配信効果を高めるために様々なテクノロジーが進歩してきました。中でもＣｏｏｋｉｅを利用したユーザーの行動パターン分析は、リターゲティング広告では重要な役割を担います。Ｃｏｏｋｉｅは、Ｗｅｂサイト（サーバー）が指定したデータを保存しておくことができ、ユーザーの様々なデータを取得しています。

一度アクセスした商品の広告が、関連のないサイトを見ていても何度も表示されるといった経験はないですか？　これは、ユーザーのネットサーフィンの履歴をもとに他のＷｅｂサイトの広告枠に自動的に配信されるリターゲティング広告のしくみです。

リターゲティング広告のサービスは、Ｇｏｏｇｌｅ広告やＹａｈｏｏ！広告でも提供しています。どちらも、一度自社のＷｅｂサイトを見たユーザーに広告を配信することができるサービスです。商品を購入したユーザーと類似したユーザーに広告を配信するしくみもあります。これらについては、90ページで解説します。

また、ＧｏｏｇｌｅとＹａｈｏｏ！の他にも、ＤＳＰ（ＤｅｍａｎｄＳｉｄｅＰｌａｔｆｏｒｍ）という広告配信プラットフォームを利用したリターゲティング広告の配信サービスもあります。

リターゲティング広告の表示のしくみ

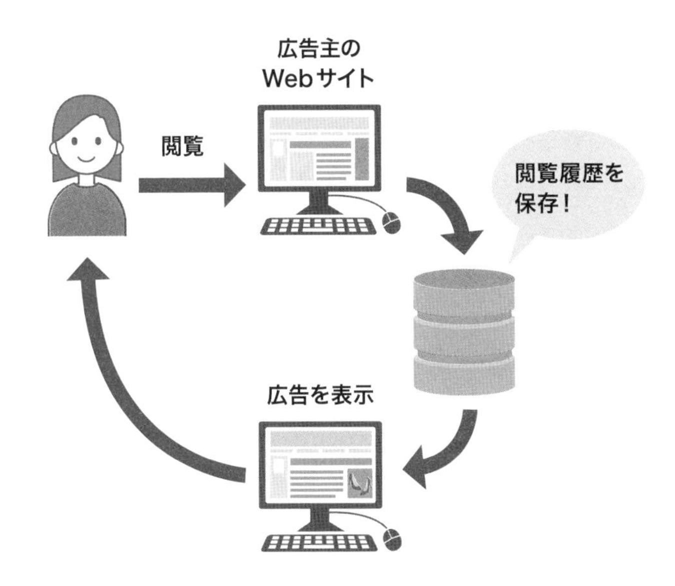

SUMMARY

ユーザーのWeb閲覧履歴などはCookieによって保存され、リターゲティング広告の表示に利用される

効果的なリターゲティング広告の設定方法

代表的なリターゲティング（リマーケティング）広告といえば、ＧｏｏｇｌｅのＧＤＮとＹａｈｏｏ！のＹＤＮを利用したディスプレイネットワーク広告でしょう。双方とも圧倒的な支持率を持ち、常日頃何かしらの検索が行われています。

このネットワークに広告出稿する際は、Ｇｏｏｇｌｅの場合はＧｏｏｇｌｅ広告へ、Ｙａｈｏｏ！の場合はＹａｈｏｏ！広告のページにアクセスし、必要事項を入力してアカウントを作成します。

取得したＩＤとパスワードで広告出稿用のダッシュボード（管理画面）からキャンペーンや広告を作成していきます。画面の流れに沿って各項目を設定していき、出稿する広告を完成します。設定の前に広告の内容を決めておき、テキストなどを用意しておくと便利です。

次に費用の支払い方法を設定します。支払い方法は、前払い、後払い、クレジットカードや銀行振込みが選択できます。全ての登録が完了し、ＧｏｏｇｌｅやＹａｈｏｏ！が入金を確認したら、広告の掲載が開始されます。掲載と同時に費用も発生することになります。

Google広告とYahoo!広告のリターゲティング広告

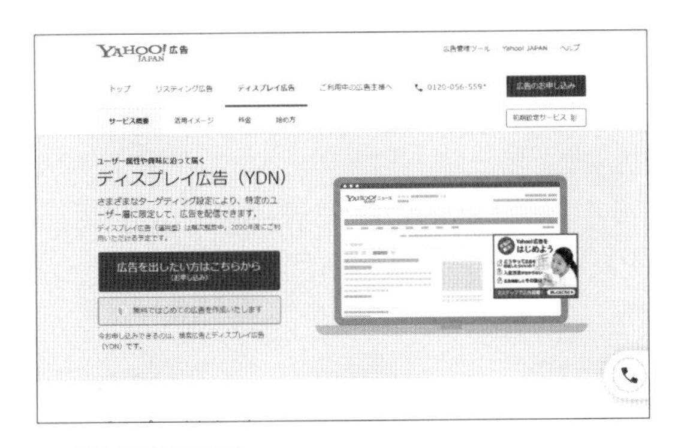

Yahoo!広告

https://promotionalads.yahoo.co.jp/service/ydn/

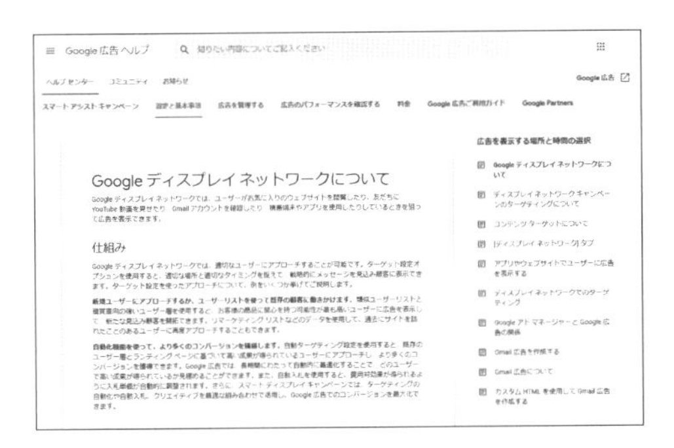

Google広告

https://ads.google.com/

SECTION 15

基本

効果は高いが価格も高い純広告

特定のサイトの決まった場所に表示される純広告

純広告は、媒体社が持つWebサイト上の広告枠を一定期間買取り、自由に動画やテキストを組み合わせて掲載する広告です。Yahoo!の検索Topページの右上にあるレクタングル（長方形）バナー広告などが、その代表例です。このようにたくさんのユーザーが訪問するポータルサイト（インターネットの玄関口となるWebサイト）は、広告が自然と目に飛び込んでくるので、広く商品をPRすることができます。

広告出稿できる種類も幅広く、ページ全体に表示させるもの、記事タイアップ形式、テキスト、動画、バナー広告などがあります。ターゲットや属性を絞って出稿することもできます。その効果や柔軟性から、今ではテレビCMより、ネットの純広告に広告予算をあてる企業も多くなってきました。

たくさんのユーザーにアプローチできるのが純広告のメリットの一方、デメリットは高額だということでしょう。

Webページの目立つところに表示される純広告

SUMMARY

純広告は、Webサイト上の広告枠を一定期間買い取って表示する広告

最近では運用型広告が主流となっている

スマートフォンの普及率とともにインターネット広告出稿量も増え続け、今ではテレビCMを抜く勢いとなりました。広告代理店「電通」が発表した「2018年日本の広告費」では、インターネット広告費は1兆7,589億円（前年比116.5%）で5年連続の二桁成長となり、地上波テレビ広告費1兆7,848億円に迫る勢いとレポートしています。

様々なインターネット広告の中でも大手企業が利用しているのが、運用型広告です。運用型広告とは、アドネットワークを通してたくさんのメディアに露出し、リアルタイムで効果測定を行いながらクリック単価の入札金額を調整したり、テキストメッセージを変更したりする手法の広告になります。その都度入札形式で広告が出稿されるので、広告枠の価格が株価のように日々変動します。

この場合、ABテストといって、広告メッセージを変えて一番効果的な広告はどれかチェックしながら進めていきます。細かい改善を繰り返すことで、その商品に最適な結果やロジックがわかるので、広告枠を購入する予約型の純広告よりも主流になってきました。

リアルタイムで効果を測定できる運用型広告

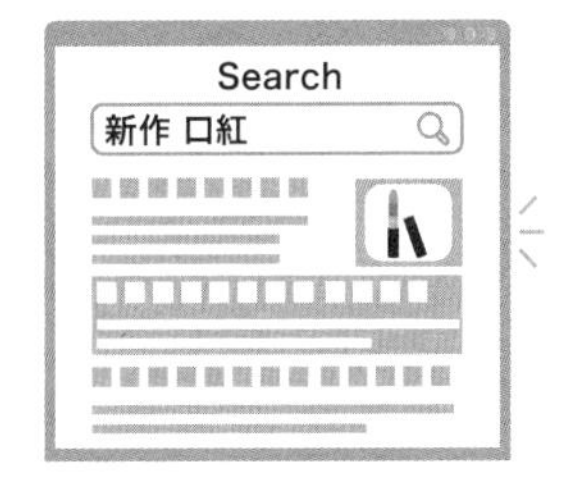

純広告は広告の場所が固定されている

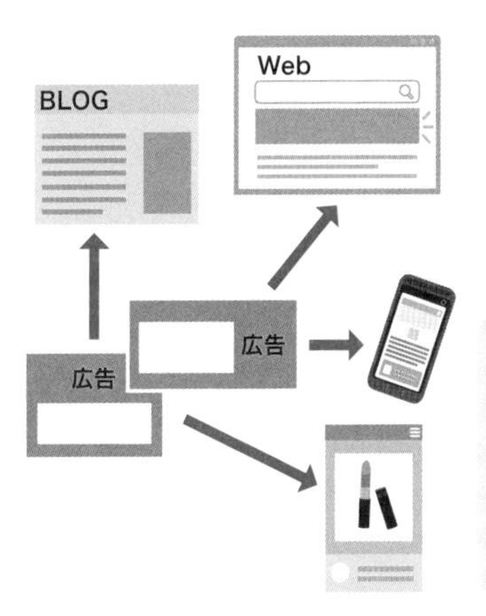

運用型広告は入札金額や広告のテキストなどを変更しながらリアルタイムに効果を測定する

SECTION 16

基本

潜在層に効果が高いメール広告

メール広告はターゲティングの精度が高い

メール広告は、かんたんにいえば郵便で送るダイレクトメールの電子版です。大きく分けると配信受信を許可したユーザーに向け送る「ターゲティングメール」と、媒体社が配信する「メールマガジン」の二種類があります。

ターゲティングメールは、受信許可のあるメールリストの中から特定の条件で抽出したユーザーに向け、興味・関心事に関するメールを配信します。ユーザーにとっては興味のある内容のメールやお得なクーポンが届きます。広告主にとっては、自社の商品やサービスに対し潜在顧客であるユーザーに配信ができるので、メールの開封率も高く、商品ページへのクリック率及びコンバージョンも期待できます。

また、**メールマガジン**は、媒体社が発行するメールマガジンに広告を掲載する形になります。こちらも、広告の内容と合致した内容のメールマガジンに出稿すれば、ユーザーの興味関心とも相性がよく、効果が見込めるでしょう。

メール広告の例

パッケージ通信 201912　令和元年12月号　受信トレイ ×

■┼■ 2019年12月2日
┼■┘ パッケージ通信 201912 令和元年12月号
■┘ «新春ご挨拶用　紙袋発注キャンペーン»

＊本メールは、株式会社山元紙包装社にお問合せ、ご注文を頂いた方、名刺を頂いた方に送信させていただいています。ご不要の方はお手数ですが最下段より、メルマガ解除をお願いいたします。

＊＋＊＋＊＋＊＋＊＋＊＋＊＋＊＋

こんにちは！2019年も残すところあと一か月、平成と令和にまたがる記念すべき年も幕を閉じる時が、近づいてきました。皆様にとりましてこの一年はどんな年でしたか？弊社は、秋に新しい商談スペースを大阪に設け、お客様とのお打ち合わせが落ち着いてできるようになりました。また展示会で新たにお目にかかったお客様も多く、忙しながらも充実した一年でした。

今月は令和になって初めてのお正月を記念した、ご挨拶用紙袋発注キャンペーンのご紹介をいたします。ぜひ新年のご挨拶に、お客様の印象の残る紙袋ご活用ください。
https://www.yamagen-net.com/new-year/

«新春ご挨拶用　紙袋発注キャンペーン»
今年の仕事納めのご挨拶、年始のご挨拶をはじめとした、いろいろな用途に使える印象に残る紙袋、お客様に合わせて、５種類から選べます。またオリジナルデザインの発注も受け賜ります。

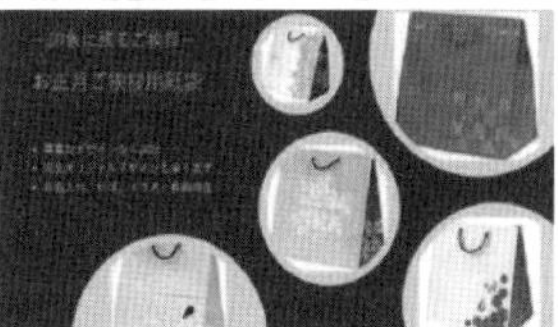

表面はマット系のPPフィルムを貼った高級感のある素材です。
サイズ：巾350×マチ220×深さ350mm
https://www.yamagen-net.com/new-year/

<<<<<<<<<<<<<<<本日のメニューです>>>>>>>>>>>>>>>

協力：山元紙包装社

https://www.yamagen-net.com/

ターゲティングメールのしくみ

ターゲティングメールを配信する場合、広告の媒体社はメールを配信許可してくれるユーザーのリストを集める必要があります。このような時によく使われるのが、サンプルモニターやプレゼント応募を利用する方法です。ユーザーは商品を得るために、少し長めのアンケートに回答し、登録を完了します。この時点で離脱してしまうユーザーも多いですが、プレゼント商品に魅力があると最後まで登録を完了する確率が高くなります。メールの配信を許可し、登録を完了した人がユーザーリストとなります。

広告主は、掲載したい媒体を決め、申し込みとともにターゲットを設定します。設定は、年代、性別、職業、子供の有無、また国内、海外旅行、グルメ、購読する新聞や雑誌、視聴するテレビ番組など多項目に渡ります。理想とするカスタマーを想定しながらターゲット設定してください。この時、絞りすぎてしまうと配信先が少なくなってしまうので、大枠で考えるとよいでしょう。

次に広告の本文を用意して、媒体社に入稿します。媒体社は指定されたターゲティングに向けメール広告を配信します。配信後は媒体社よりレポートが配信されます。

アンケートなどでメールアドレスを収集する

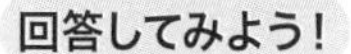

プレゼントキャンペーンなどでユーザーにアンケートに答えてもらう

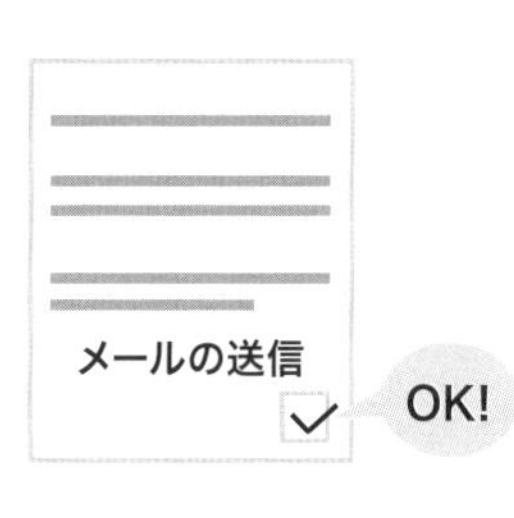

メールマガジンやプロモーションメールの送信を許可してもらう

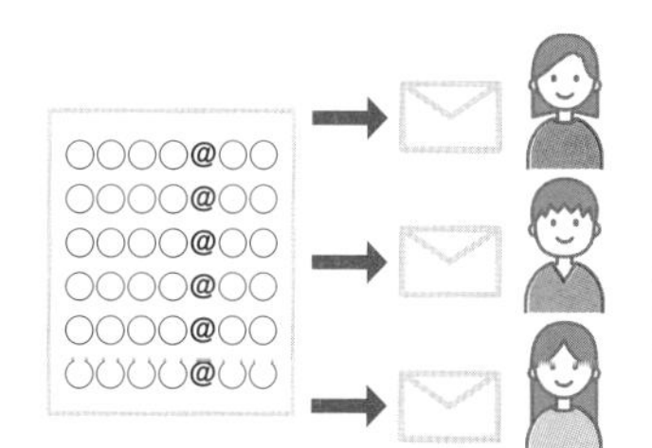

アンケートで得たメールアドレスのリストをもとにメールを送る

メールマガジン広告のしくみ

ユーザーが購読しているメールマガジンに配信する広告をメールマガジン広告といいます。ユーザーは、すでにその分野に興味、感心があり購読しているので、あえて広告主がターゲット設定する必要はなくても充分に効果が得られます。テキスト形式で配信できるため、フィーチャーフォン利用の高齢者も多く登録しているのも特徴です。

メルマガ広告の種類は、媒体社によって違いますが、表示の種類により、大きく分けて4種類あります。

まずはヘッダー広告。これはメールマガジンの最上部に表示されます。そしてフッター広告。これはメールマガジンの最下部に表示されます。全面広告は、メールマガジンの全面を貸切り広告表示されます。そして記事広告。これは本文に挟まれて入る記事広告です。

広告主は、広告の種類を決定して、送信するメールテキスト（記事）を入稿します。媒体社は、すでにターゲッティングされた読者に対しメルマガを配信します。配信後は、媒体社よりレポートが配信されます。

メールマガジンに表示される広告の種類

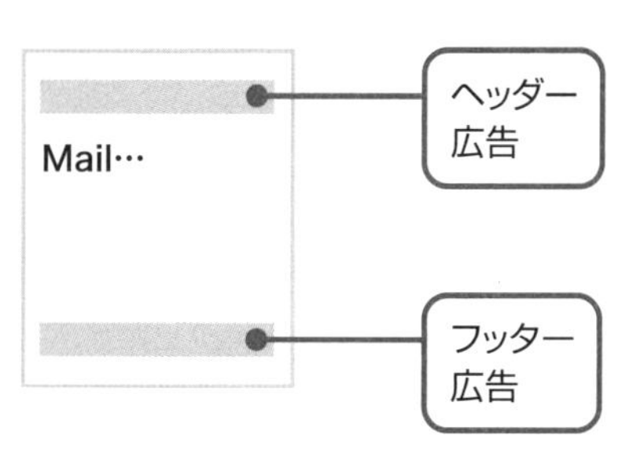

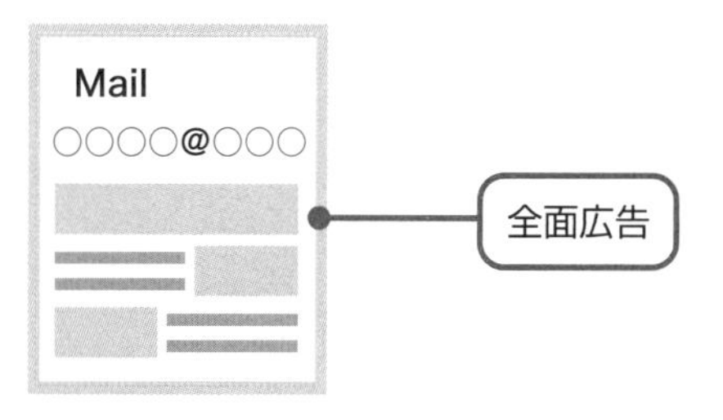

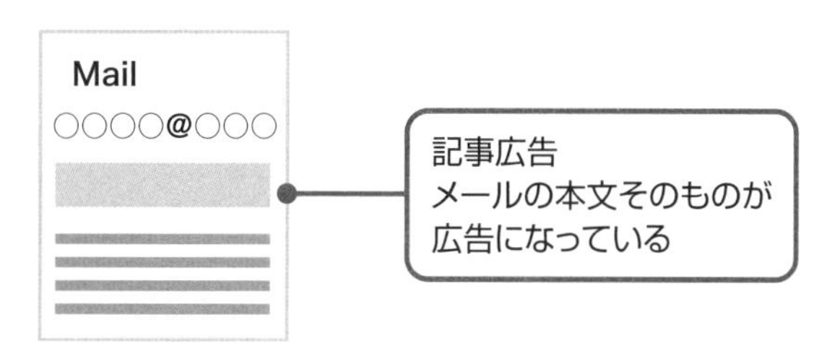

COLUMN

その他のネット広告

スマートフォンの普及により、ネット広告市場の成長も著しく、広告媒体も日々進化しています。ここでは、本章で紹介した以外にも、注目すべきスマートフォン用の広告をご紹介します。

●インライン広告

スマートフォン用Webページにタグを貼り広告を埋め込むと、バナーで広告表示されます。

●オーバーレイ広告

インライン広告同様にタグを埋め込むと、Webページのスクロールとともに広告がフローティング形式で表示されます。

●アプリ内広告

ダウンロードした無料のアプリに表示される広告です。PCと同様に、ポップアップ型やフルスクリーン型、オファー型などがあります。オファー型は、「オススメアプリ」などで、アプリの一覧が表示される広告です。タップされる確率も高いとされています。新しいアプリも次々と登場してきますから、新しい広告も更に進化していくことでしょう。都度、アプリ自体のアップロードも広告の進化とともに求められます。

3章

ネット広告の出稿方法

SECTION 17

ネット広告を出稿するまでの流れ

基本

Yahoo!広告の場合

ここでは代表として、自分で予算を決めて出稿する場合のYahoo!広告やGoogle広告について解説します。まずはYahoo!広告の場合です。

Yahoo!広告は、2019年12月現在、広告出稿に関するサービスをリニューアルしており、2020年度にかけて順次変更が行われていく予定です。

Yahoo!広告では、ディスプレイ広告（予約型と運用型）と、検索広告を出すことができます。これまで提供されていたYahoo!のアドネットワーク広告「Yahoo!ディスプレイアドネットワーク」は、今後「ディスプレイ広告」とリニューアルされ、リスティング広告に当たる「スポンサードサーチ」は、「検索広告」と名称が変更されます。これらの変更に関しては、Yahoo!広告のプロモーションページ（左図参照）でも詳細に紹介されています。

2019年12月現在、申し込むことができるのは検索広告とディスプレイ広告です。

Yahoo!広告

Yahoo!プロモーション

https://promotionalads.yahoo.co.jp/

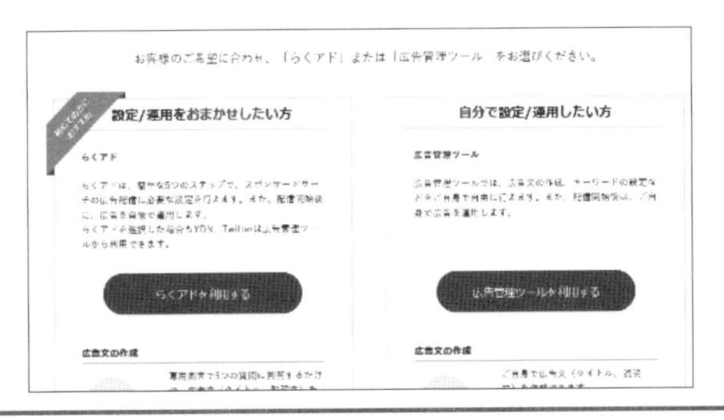

出稿したい広告の種類を選択し、案内に沿って設定をすればかんたんに出稿できる

3章 ネット広告の出稿方法

Ｇｏｏｇｌｅ広告の場合

次は、Ｇｏｏｇｌｅ広告の場合です。

①Ｇｏｏｇｌｅ広告にアクセスして、「今すぐ開始」をクリックします。Ｇｏｏｇｌｅのアドバイスに従って進めば、自動的に広告が出稿できる流れになっています。

②Ｇｏｏｇｌｅ広告のページが表示されたら、広告出稿目的に合わせて、該当する目的を選択し「次へ」をクリックします。ここでは、仮に「ウェブサイトでの商品購入や申し込みを増やす」を選択して進みます。

③ビジネスの名前「地域名＋サービス名」や「地域＋業種名」などと、表示させるＷｅｂサイトを入力して「次へ」をクリックします。

④ターゲットユーザーの所在地を選択します。業種やサービスによって様々な選択方法が考えられます。例えばエステサロンを経営しているなら、まずはご近所の半径○○㎞といったように設定します。一方、古いレコードやＣＤを通販しているなら、全国（海外も含む）に潜在顧客がいると思われるので、選択範囲は幅広くなります。

⑤商品やサービスを指定し、該当するものを選択、もしくはその他で具体的な内容を入力します。

Google広告

Google広告

https://ads.google.com/

ユーザーの所在地を選択して、ターゲットを絞り込むことができる

広告が表示されたあとにすべきこと

出稿作業が完了したら、まずは出稿した通りにテキストや画像などがきちんと表示されているか確認しましょう。その際、画面キャプチャーを取り、イメージの保存をしておくことをおすすめします。次回の出稿時にも役立ちますし、他のメディアを使用する際にも便利です。

広告掲載期間が終了すると、結果レポートが送られてきます。最初に立てた目標に数字が到達しているか効果測定を行ってみてください。結果レポートは、掲載効果によるＷｅｂアクセス数の増減を見ながら、どこかに改善の余地があるのか、またはこのままでよいのかなど、次回の広告出稿を検討する時や次の目標を考える際のベースとなります。

このように、製品のマネジメントサイクル同様に、ネット広告もPDCAを回していくことで、広告予算の再設定やＷｅｂサイトの分析にも役立ちます。他のプロモーション施策やＷｅｂサイト全体の指針となりますから、必ず広告出稿前後のＷｅｂの状況を把握しておいてください。

レポートを見ながらターゲティングの精度を上げる

Yahoo!広告でもGoogle広告でも、結果レポートを詳細に確認することができる

SECTION 18

自社に合った広告代理店の選び方

基本

ネット広告の代理店の種類

ここまで、広告主自ら出稿していく方法を解説しましたので、今度は広告代理店を通した場合の出稿の流れについて解説します。

広告代理店は2種類あります。「メディアレップ」と呼ばれる大手ポータルサイトの広告枠を持って販売している代理店と、出稿する広告デザインや企画全体を受け持つ代理店です。この二つの代理店は連携して、広告主に一番適した広告を提供できるようにしています。

広告代理店にも得意分野、専門分野があります。「運用型広告」に特化している代理店や「通販サイト」に特化している代理店など、広告の種類や業種、運営方法などによってそれぞれ分かれています。自社の商品、サービスをどういう方にPRしたいかによって、選ぶ代理店も違ってきます。またWeb系は何でもできる、というオールマイティ型の代理店もあります。

メディアレップの働き

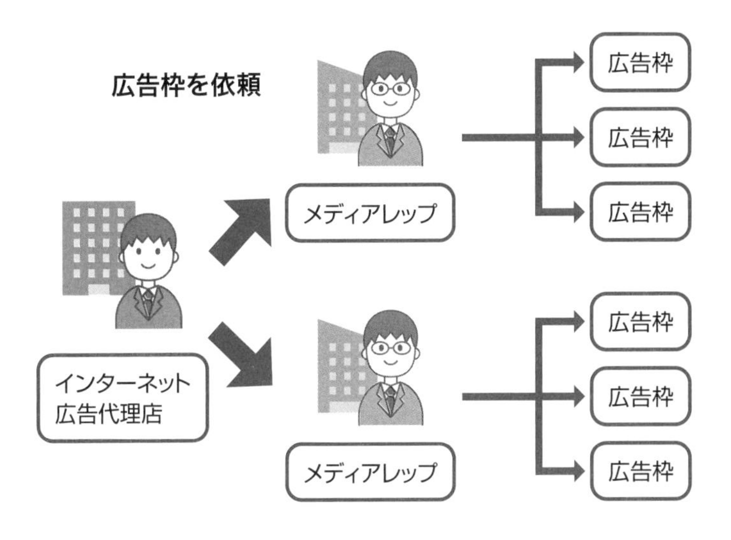
広告枠を依頼
インターネット
広告代理店
メディアレップ
メディアレップ
広告枠
広告枠
広告枠
広告枠
広告枠
広告枠

代理店にも得意な業種がある

前述した通り、広告代理店も得意分野（業種）や、あまり通じていない分野（業種）があります。不得意な分野に出稿してしまうと、未知数なところも多く、他の業種と同じような結果が得られないことがあります。初めて代理店経由でネット広告を出稿する際は、まずは一度代理店に相談してみてください。代理店は横のつながりも多いので、その業種に得意な代理店との連携を考えてくれるでしょう。

また、依頼した広告代理店が、結果レポートに何も課題を見付けず、次から次へと広告出稿を提案してくるようなら、それはこちらの製品やサービスに興味がない証拠です。よい代理店は、レポートをもとに打ち合わせの機会を持ち、広告デザインの変更やテキストの修正を提案してくることでしょう。

よい代理店の見極め方はそれぞれですが、Webだけでない豊富なマーケティングやPRの知識と、クリエイティブデザイン力のある代理店なら、あなたの業種、形態に合わせて、予算を含めた広告出稿計画を練ってくれることでしょう。資料や実績などを確認しながら、Ｗｅｂマーケティングに優れたデザイン力のある代理店を選んでください。

広告代理店の選び方

広告代理店はたくさんあるけど
どこにしたらいいんだろう？

・自社の商品ジャンルに強いかどうか
・広告のレポートは詳細に出してくれるか
・マーケティングの実績があるか
・クリエイティブデザインにセンスがあるか

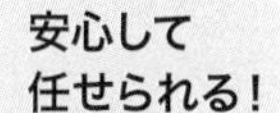

安心して
任せられる！

SECTION 19

無理のない範囲の予算から広告を出稿する

基本

予算をかけないのなら、SNS広告やリスティング広告などから始める

さて、実際に広告を出稿しようとした時、まずはどの広告から試してみるのがよいでしょうか？　2章では様々な広告の種類と特徴を紹介しましたが、いきなり「これ！」と決められないこともあるでしょう。

その場合は、**比較的予算のかからない広告から始めてみるのもおすすめです。**バナー広告やアドネットワーク広告に比べ、SNS広告やリスティング広告などは低価格から始めることができます。

また、SNS広告やリスティング広告は、広告代理店を通さなくても、個人でも出稿の手続きがしやすいというメリットもあります。

実際に出稿してみて、どの程度効果があるか、かかった料金に対して効果は得られたか、などを検証し、今後どのようにネット広告を活用するかを検討するとよいでしょう。

低価格からスタートできる広告から始める

SNS広告やリスティング広告は比較的料金を抑えて始められる

いきなり複数の種類の広告は出稿しない

「迷ったから一度に色々と出稿してみよう！」と思う人もいるかもしれませんが、これはあまりおすすめできる方法ではありません。一度に複数のネット広告を出稿すると、それだけ画像やテキストを準備する手間がかかります。料金も多くかかりますので、業務的にも金額的にも負担が大きくなってしまうでしょう。

それだけでなく、一度にたくさんの種類の広告を出稿することで、効果測定も難しくなります。どの広告が特に効果があったのか、どんなターゲティングが適切なのかを把握できないと、別の種類の広告に出稿する時にまた同じことの繰り返しになってしまいます。

他にも、複数のメディアに出稿するとユーザーが重複する場合があります。何度も同じ広告が同一ユーザーに表示されることになり、かえって逆効果となり得る恐れもあります。

まずは自社商品のターゲットに届きそうなＳＮＳに広告を出稿してみる、あるいはキーワードを絞り込んでリスティング広告に出稿してみる、など、初めはひとつの広告を試してみるほうがよいでしょう。

一度に複数の種類の広告を出すデメリット

SECTION 20

出稿にあたって作成するもの

基本

テキストは広告出稿に必須

さて、出稿する広告が決まったら、実際に用意すべきものを確認しましょう。まず、広告に欠かせないもの、それが文章です。テキストはキャッチコピーだけでなく、メール広告など文章で見せるものから、リスティング広告、ランディング広告などあらゆるものに必要です。自社商品やサービスの特長をわかりやすく伝えられるように、かつ、可能であれば**いくつかの文字数のパターンで用意しておきましょう。**

テキストを用意する際は、ターゲット目線で考えることが大切です。伝えたいことだけ記載してもターゲットの心に響かなければクリックされません。その広告文を読んで、顧客がクリックしたくなる内容か、立場を変えて判断してみてください。自分だけで考えるのでなく、第三者に見てもらうこともおすすめします。

どのような広告にもテキストは必要

Google | 広告
[広告] ads.google.com/GoogleAds ▾ 0120-546-018
興味を持っている人だけに効率よく届きます。詳しくは電話サポートへお問い合わせを。
Google検索に広告を掲載・電話サポートを無料で提供・オンラインでの売上向上・アクセス時にのみ料金発生・サービス: 検索広告, ディスプレイ広告, 動画広告, モバイル広告。

料金設定
自由な予算設定、料金発生は成果が出たときだけ

Google 広告 の仕組み
地域限定から世界中までウェブ上の存在感を強化

Google 広告 について
100万人以上の広告主が利用するGoogle 広告 の特徴をご紹介します

プロに相談
アカウント初期設定や広告作成をプロがサポート

ヤフープレミアム登録はこちら | パ・リーグLIVEで公式戦見放題
[広告] rdsig.yahoo.co.jp/スマホで/タブレットで ▾
ヤフープレミアム会員なら、パ・リーグ公式戦を見放題。全試合ライブ配信で楽しめる！
LIVE配信・パ・リーグ公式戦見放題・月額462円・ヤフープレミアム
サービス：会員限定特典、パ・リーグLIVE、公式戦見放題、プロ野球

- ヤフープレミアム会員とは
- 特典一覧

プレミアム for Ymobile ヤフー連携サービス サービス Ymobile - 格...
[広告] www.ymobile.jp/ ▾
オンラインストアでのお申込みは事務手数料無料！／ワイモバイル公式オンラインストア
送料無料・今だけお得プラン・パケット定額・最短翌日発送
サービス：カンタン購入、月々のスマホ代をおトクに、ポケットWiFiもおトク、自宅で受け取り
事務手数料無料 - 格安SIM - 限定キャンペーン

出稿する広告の形態に合わせて、テキストを用意する

画像はバナー形式の広告に不可欠

広告に画像を使用すると、テキストだけの商品紹介より広告の表現力が増します。商品認知を広めたい時などは特に有効です。同じ商品でも写真の撮り方ひとつで見え方が変わってきますので、見栄えのよい画像を高解像度で用意しましょう。ただしメディアによって、画像ファイルのサイズや容量が変わっていますので、入稿の際には気を付けてください。

士業の人やパーソナルトレーナー、カウンセラーの人など、商品を持たず、サービスを紹介する必要のある方は、**イメージとなる画像をフリー素材から入手することもできます**。画像があるほうがターゲットの目を引くでしょう。

また、画像にキャッチコピーとなるテキストを入れる作業が必要な場合もあります。この場合、できるだけ13文字以内で入れるようにしてください。13文字は私たちが瞬間的に文字を読み意味が理解できる脳内処理の限界といわれています。ネット環境では特に有効とされますので、顧客視点に立ち工夫してみてください。

なお、画像入稿の際には、必ず画像に「タイトル」を付けましょう。画像のタイトルも検索エンジンに認識されますので、サイト表示順位が高まってきます。

特にSNS広告では画像は重要

https://www.facebook.com/business/ads/instagram-ad

SUMMARY

画像のタイトルも検索エンジンに認識されるので、広告に使用する画像には、適切なタイトルを付けておく

3章 ネット広告の出稿方法

動画広告やそれ以外のメディアでも活躍する動画

最近の動画コンテンツでは、スマホユーザーを中心に、レシピや商品などを1分間で紹介するタイプの動画が人気です。短時間で多くの情報を伝えることができ、視覚、聴覚をフル活用するので印象にも残りやすく、説明しにくい商品やサービスも動画なら細部に渡り紹介することができます。これは動画広告にも応用できます。

このような動画を撮影する場合、自動再生されることを意識し、ユーザーが興味をもって最後まで見てもらえるように、秒数、画質、クオリティなど意識して制作してください。ひとつ動画広告を作成すると多くの他メディアにも使えるので便利です。逆にいえば、あらかじめ出稿するメディアを想定して、動画を制作するとよいでしょう。また、SNS上やパソコンでは無音で再生されることも多いので、それを意識して、音声だけでなく文字情報でも内容が伝わるようにしたほうがよいです。

動画の撮影をプロにお願いする時は、**一度の撮影時に数パターンを撮り**、1分広告用、自社Webサイト用、営業ツール用、記録用など目的に応じて何種類か秒数を変えた動画を編集してもらいましょう。どんな場面にも使えて、製作単価も安くなりクオリティは担保されますからおすすめです。

広告に使用する動画は短くまとめて最後まで見てもらう

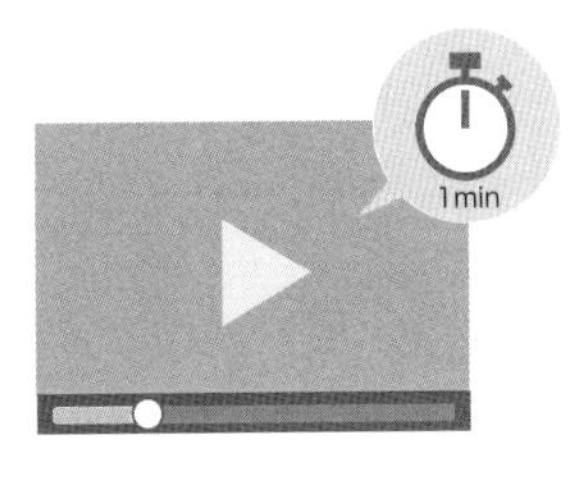

最後まで
見やすい！

内容を１分間のダイジェストにした動画は効果的

サイレントで
再生してもわかる！

動画にはテキストも入れておくと内容が伝わりやすい

SECTION 21

広告のテキストと画像を用意する際のポイント

基本

ターゲットに「私のための情報」と思ってもらう

検索キーワードで表示された広告や、ニュースサイトなどで表示される「おすすめ記事」などに興味を持ったことがある人も多いでしょう。その広告は、あなた、つまりその広告主の設定したターゲットにとって魅力的に見えるように作られているのです。自分が広告を出稿する際も、そのような広告になるように心がけましょう。

また、広告をクリックした先のコンテンツも重要です。ランディングページのコンテンツは、どんな商品、サービスなのか明確に表示し、その商品を購入することで得られるメリットを魅力的に表現しなければなりません。

広告のキャッチコピーや画像を用意する際には、**ターゲットの目を引きそうな言葉、興味を持ちそうな画像**を使い、魅力的な広告を作成するようにしましょう。似たようなターゲティングをしている企業の広告を参考にするのもよいです。

ターゲットに最適な内容の広告を考える

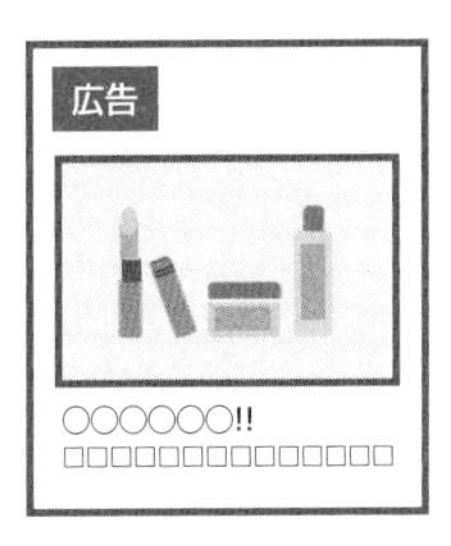

解像度は足りているか？
ターゲットが好みそうな画像か？

文字数に過不足はないか？
ターゲットの目を引く言葉が含まれているか？

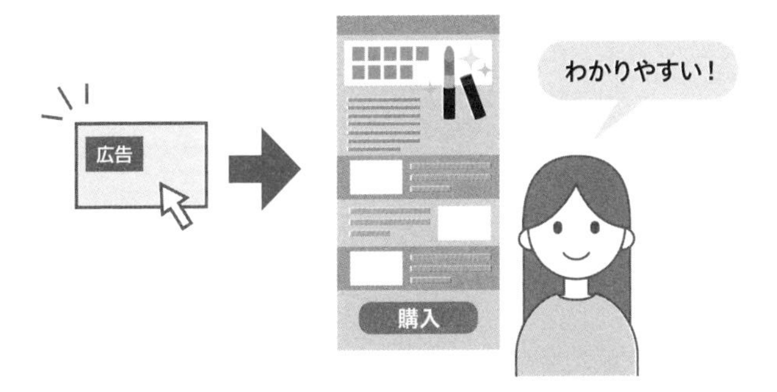

広告をクリックした先のランディングページの内容も重要

テキストは文字数とキーワードに注意

広告の先に進んでもらえるかは、最初のキャッチコピーにかかっています。キャッチコピーはおよそ13文字程度、そしてもう少し詳しいテキストを30文字程度で補足しましょう。キャッチコピーで目を引き付けたところで、そのあとのテキストで確実に商品に興味を持ってもらう必要があります。

テキストの部分で重要なのは、「キラーワード」です。これはその業種、商品・サービスの特長を表すキーワードの中でも、特にターゲットに「刺さる」ワードのことです。例えばターゲットは「ＳＡＬＥ！」などのお得な言葉に反応するのか、それとも「限定！」などの言葉に反応するのか……などを考えながら、キラーワードを考えてみましょう。この言葉がうまく届けば、クリックされる確率が高くなっていきます。

他にも、効果の高い広告は、「やり方・使い方」＋「効果・メリット」＋「商品名」といったテキストの構成で作られていることが多いです。様々な広告やターゲットが好みそうなメディアを見ながら、どんな言葉ならターゲットの目を引き付けられるだろう？　と考えてみてください。

キャッチコピーとテキストを用意する

キャッチコピーの組み合わせの例

「やり方・使い方」＋「効果」＋「商品名」などの組み合わせも多い

画像や動画もターゲットの好みに合わせる

テキストと同様に、画像や動画も広告においては非常に重要です。「画像」と聞くと一番先に思い付くのは、どんな画像でしょうか？　写真、イラスト、グラフィックなど、色々な種類があります。自社の設定したターゲットはどういう画像を好むでしょうか？

一般的には商品やサービスの写真・あるいはイメージ画像を載せることが多いですが、ターゲットによっては、かわいらしいイラストなどを好むこともあるかもしれません。また、写真は写真でも、どのような雰囲気で撮影するか、どのように加工するか、などで大きく変わってきます。ターゲットの好みを見付けるには、理想としたターゲットに近い人物のＳＮＳやブログなどを読んで、投稿している画像などをチェックしてみるのもよいでしょう。

動画も同様です。商品やサービスを紹介する時のＢＧＭやトーンでも好みが分かれます。にぎやかな雰囲気がよいのか、大人っぽい雰囲気がよいのか、などを選定しながら動画を用意します。画像も動画も、ターゲットの目を引く手段としては効果的なので、適切なものを用意できるように色々テストしてみましょう。

ターゲットが好むテイストに合わせて作成する

COLUMN

ネット広告の最適な文字数

エレベーターピッチという言葉を聞いたことがありますか？ これは、アメリカから入ってきた言葉で、経営層とエレベーターに乗り合わせた時に、彼らの降りる階に到着するまでの限られた時間にプレゼンテーションをして、そのプロジェクトに興味を持ってもらうためのトークのことです。経営層に「君、その話を詳しく聞きたいから、あとで私のところに来なさい」といってもらうことが狙いです。

ネット広告のテキストも、このエレベーターピッチに似ています。限られた文字数で自社商品のよさを簡潔に伝えなければなりません。経営層と偶然エレベーターで居合わせても何も用意がなければ上手く話せないのと同じように、ネット広告出稿前にあらかじめトーク集（テキストのパターン）を作っておくと、効果的な広告出稿ができます。

テキストは、13文字、20文字、30文字、45文字、60文字、90文字で作っておくと、多様な広告に出稿できて便利です。特殊文字は、スマートフォンやフィーチャーフォンの機種によっては文字化けすることがありますので、使う際には必ず事前検証することをおすすめします。

4章

ネット広告の運用のコツ

SECTION 22

ネット広告運用のサイクル

発展

準備→出稿→効果測定→改善を繰り返す

ネット広告成功のコツは、地道な運用に尽きます。ただし、やみくもに続けているだけでは効果は出ません。運用の順序が重要です。まずこの広告で達成したい「目的」と目標の「数字」を明確にし、テキストや画像、動画を準備します。そしていつから実施するのか、どのメディアに出稿するのかなど、広告出稿計画を立てます。そして、出稿したらあらかじめ決めた期間に合わせて効果測定をしましょう。

目標となる数字を具体的にすることで、効果測定による改善ポイントが見えてきます。そこで改善策を検討し、目標の数字を考えて、テキストや画像などを変更して再度出稿します。このサイクルを定期的に繰り返すことによって、だんだんと質の高い出稿ができるようになっていきます。

では、効果測定とは具体的にどんな部分をチェックすればよいのでしょうか。次から、その点について詳しく解説していきます。

効果的な広告運用のサイクル

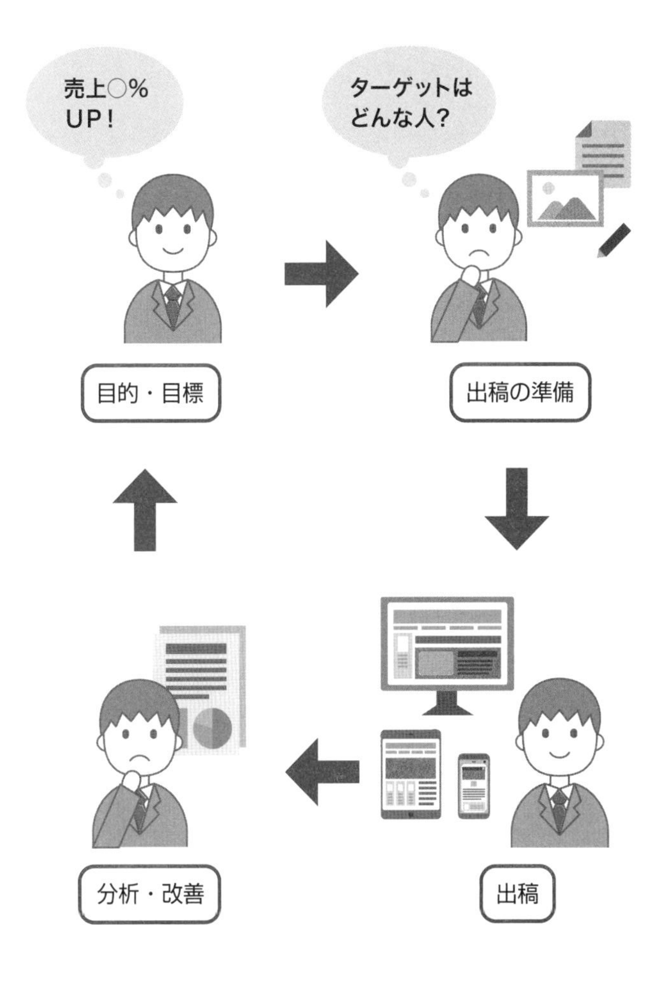

効果測定で見るべきポイント

広告を出稿すると、様々な数値を測定することができます。その数値から広告がどの程度効果を上げているか確認しましょう。多くの数値を見ることができますが、その中でも特に注目してほしいのは次の数値です。

まずは「CPA（Cost Per Acquisition/Action）」です。これは顧客獲得単価を指し、実際に購入や申し込みされた顧客一人あたりにかかった費用を示しています。

「CPC（Cost Per Click）」はクリック1回あたりの単価。クリック型課金は、このクリック数で広告費が決定します。

「CTR（Click Through Rate）」はインプレッション（広告表示回数）に対し、その広告が実際にクリックされた割合を示します。

「CVR（Conversion Rate）」はクリックされた広告がコンバージョン（実際に購入や申し込みされた数）に至った割合を示します。

また、動画広告の場合、動画広告視聴1回あたりの単価を示す「CPV（Cost Per View）」も確認するとよいでしょう。

効果測定で重要な数値

CPA（Cost Per Acquisition/Action)」
顧客獲得単価。実際に購入や申し込みされた顧客一人あたりにかかった費用のこと

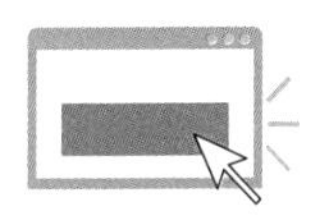

CPC（Cost Per Click)
クリック１回あたりの単価。クリック型課金は、このクリック数で広告費が決定する

CTR（Click Through Rate)
インプレッション（広告表示回数）に対し、その広告が実際にクリックされた割合

CVR（Conversion Rate)
クリックされた広告がコンバージョン（実際に購入や申し込みされた数）に至った割合

SECTION 23

発展

どの広告がどのような効果に貢献しているか確認する

広告を出稿したあとは、広告ごとにどのような結果を出しているか分析し、改善点を探すことが重要です。

例えば、自社の商品認知を上げるための広告を出稿した場合、一か月経過後、商品を紹介するWebページのインプレッション数はどのぐらい上がったかを確認します。あまりインプレッション数が上がっていないようであれば、広告自体が注目されていないのかもしれません。テキストや画像を変更する必要があるでしょう。

広告ごとに、クリック率やコンバージョン率を確認する

また、商品購入を促すためにリスティング広告を出稿している場合は、広告から入ってきたユーザーが実際に商品を購入したかどうかを確認します。ページからすぐに離脱されている場合は、もっと購入へつなげやすくするように、ランディングページの内容を見直す必要があります。

このように、広告に期待する効果と実際の結果を比べながら改善していきましょう。

広告の目的ごとに見るべきポイントは異なる

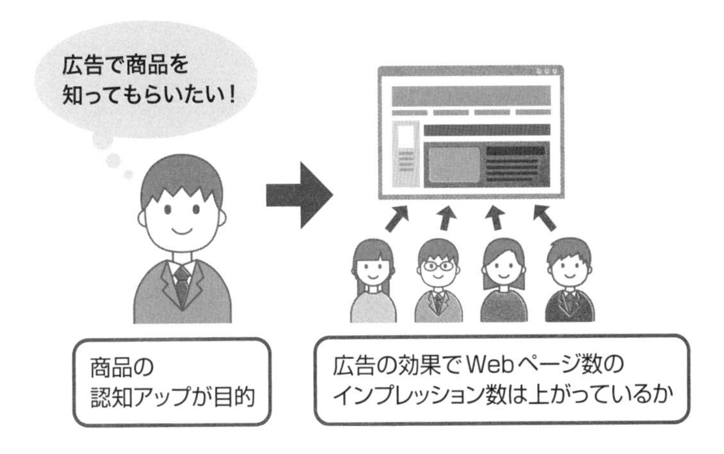

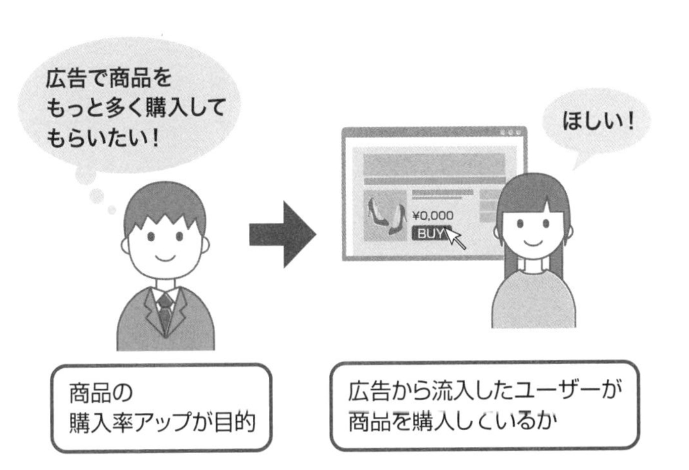

広告の運用の例

ここではより具体的に、広告の運用の例を見てみましょう。

例えば、とある「A地区」にある車検屋が、ネット広告を出稿して、近県の顧客を取り込みたいと考えました。そこで、目標は車検申込件数の20％アップとします。まずは、広告を出稿する前に自社のＷｅｂサイトを見やすい状態にしておきます。

そのうえで、広告を出稿するうえで重要な、潜在顧客となるペルソナを明確に設定しました。設定したペルソナは、「50代男性、週末には車でゴルフ場通いのA氏」です。店舗の近くにゴルフ場があることからこのように設定しました。この設定をもとに、アドネットワーク広告でターゲットが好みそうなＷｅｂサイトに広告を出稿します。

効果測定をすると、自社サイトの閲覧数は増えていましたが、申込件数は目標の数値にはまだ達していません。そこで、自社サイトで自社サービスのおすすめポイントや、車検を待っている間に利用できる近隣のスポットの紹介を掲載し、また、潜在顧客の取りこぼしがないように、リターゲティング広告で再訴求することにしました。

このように、**目標とターゲットを明確にし、広告を出稿して分析と改善を繰り返すこと**で、広告を効果的に役立てることができます。

効果測定しながら広告を改善する

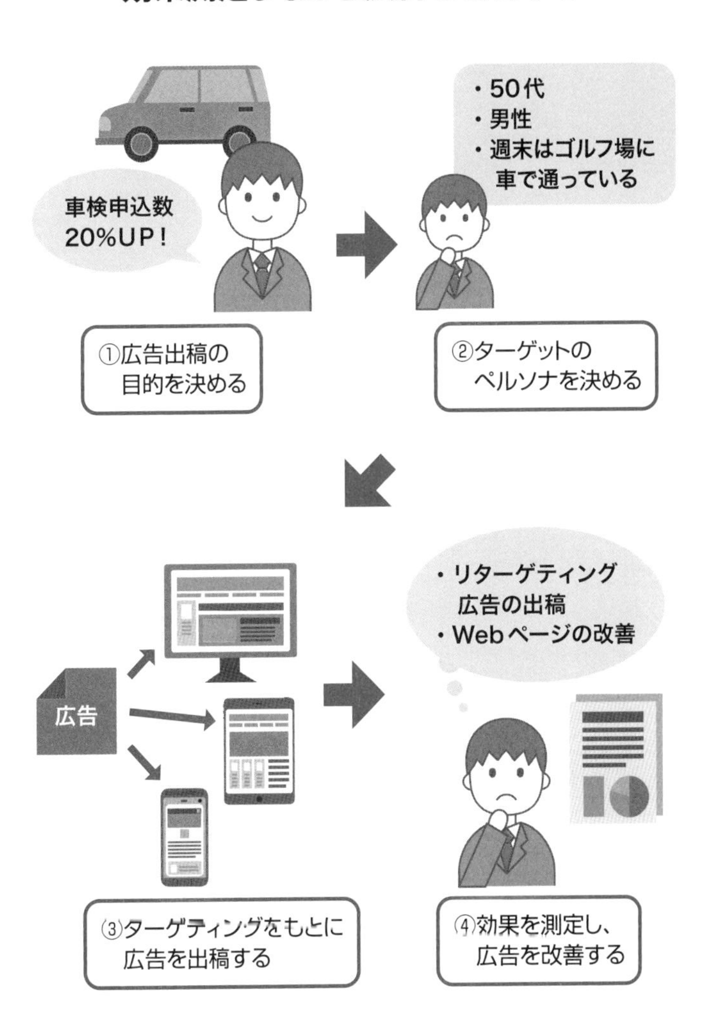

SECTION 24

発展

広告は2パターン以上用意してABテストを行う

ネット広告はABテストに向いている

ABテストは、表現方法を変えた2つの広告を用意して、どちらがパフォーマンスが高いかテストするものです。

ランディングページからの離脱率が高いなど、広告の効果がいまいち伸びきらない時は、広告表現方法を変えてみることで、よい結果が出る場合があります。自社製品の強みの洗い出しにもつながりますし、どの表現が顧客に響くのかを確認するためにも、ぜひABテストを実施してみてください。

実施を行うには、まずテストしたい「目的」を明確にして、「仮説」を立てます。例えばコンバージョンにつながらないのは、「申し込み」ボタンへの導線となるテキストが響かないのではないか？　と仮定して、導線テキストを変更してみます。そして同期間、同じ条件で2つの広告を配信した結果を見て、どのテキストが一番コンバージョンにつながったのかチェックします。

仮説を用意してテストを行う

一部を変えたパターンを作って
同じ期間でテストしてみる

ＡＢテスト実施の際に気を付けること

ＡＢテストを行う際には、課題を明確にしましょう。「Ｗｅｂサイトの閲覧率が上がらない」「ランディングページからの離脱率が多い」などといった課題は、特にＡＢテストを行ううえで適した課題です。

そのうえで、考えた課題に合わせて、ＡＢテストを行う広告のどの部分を変更するか考えます。キャッチコピーを変更するのか、画像を変更するのか、あるいはレイアウトを変更するのか、ということを検討しましょう。

ＡＢテストを行う時、**２つの広告をあまり多くの点で変えてしまうのはＮＧ**です。なぜならどちらかの結果がよかった場合、何を変えたのがポイントだったかわかりづらくなってしまうからです。ただし、ほとんど変わらない内容でテストするのも効果がありません。

なお、ＡＢテストは比較検証テストなので、一定数のサンプル数が必要になります。おおよそ１００サンプル程度は必要と考えておきましょう。つまり、広告のクリック数が１００回にも満たない状態で比較してしまうのはあまり意味がありません。

ABテストのポイント

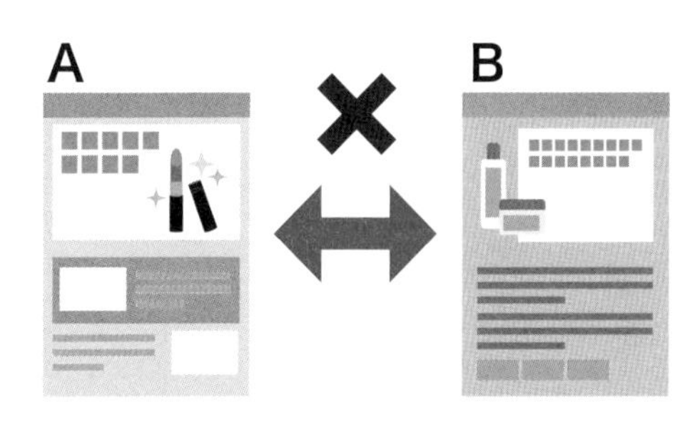

テキストや画像、メディアの種類など、
多くのポイントを変えすぎると比較ができなくなる

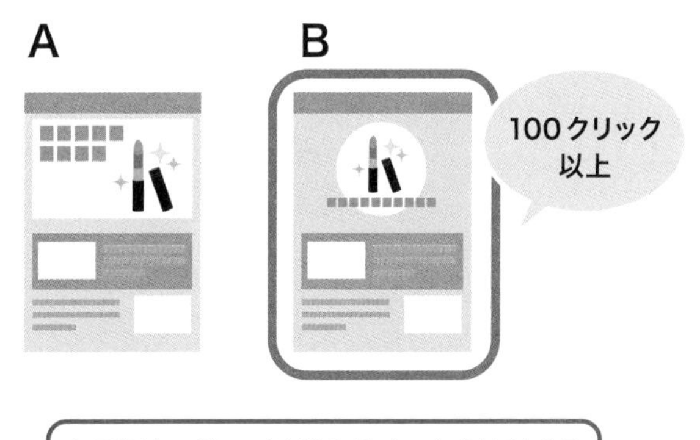

ある程度のサンプル数を集めてから比較する

SECTION 25

広告だけでなくランディングページも改善する

発展

広告からランディングページまで一貫して制作する

魅力的な広告を作成して、クリック率が上がっても、ランディングページで離脱されてしまってはせっかくの広告の効果も半減です。ネット広告は成果につながってこそ成功といえるのです。広告出稿の際には、リンク先のランディングページの内容も十分に考えておきましょう。

ネット広告は、ファーストビューからコンバージョンまでのストーリーが大事です。購入広告で興味をもらってもらったターゲットに、嫌われないように商品をすすめて、ボタンをクリックしてもらうまで自然な流れで導く必要があります。そのため、広告とランディングページとで、ターゲットがぶれていたり、キャッチコピーなどのテイストに違いがあったりするのは問題です。

広告同様、ランディングページも常にアクセス解析で効果測定しながら改善していきましょう。

ランディングページで商品購入のあと押しをする

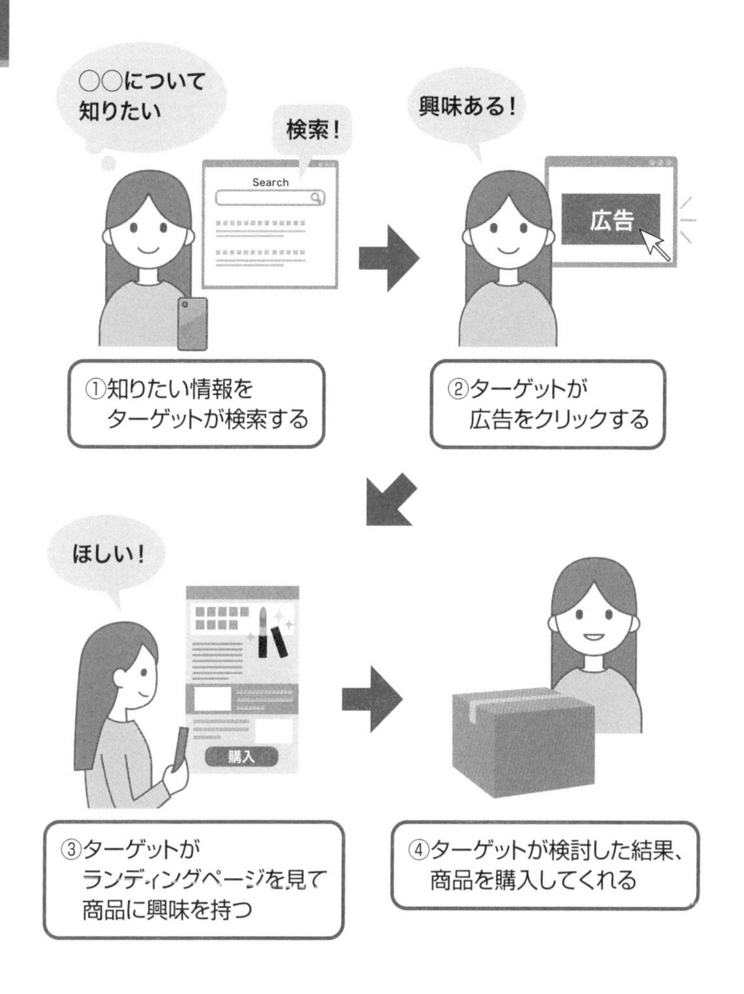

ランディングページ改善の際のポイント

ここでは、よくあるランディングページのお悩みと改善ポイントを紹介します。

まずは、「ファーストビューで大多数（90％以上）が離脱してしまう」というもの。これは、そもそも広告のターゲティングが間違っている可能性があります。リスティング広告の場合であれば、キーワード選定が不適切だと考えられます。今一度、広告のターゲティングやキーワードを設定し直しましょう。

また、「ユーザーが購入ボタンなどのアクションボタンを押したのに、次の顧客情報登録ページで離脱している」ということもあります。これは、商品情報や住所などの登録項目が多すぎたり、入力の設定が煩雑だったりして、ユーザーが離脱している可能性が高いです。初回のアプローチはシンプルにして、離脱を防ぐ必要があります。

「ターゲティングユーザーに想定した顧客と実際にアクションを起こしてくれた顧客層が大きく異なっている」ということもあります。この場合は、自社商品に興味を持つ層、想定していた層と異なっているということです。これでは広告の効果が十分に発揮されません。ターゲティング層を新たに設定して、広告内容も変更してください。

ランディングページの改善

ランディングページの離脱率が高い

広告の
ターゲティングが
不適切
キーワードを
見直す

情報登録ページで離脱してしまう

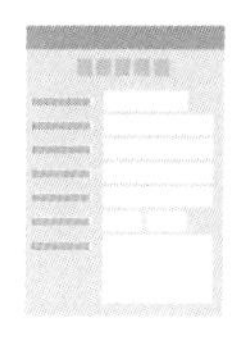

購入ページや
情報登録ページを
簡素にする

想定していたターゲットと実際にコンバージョンにつながったユーザーが異なる

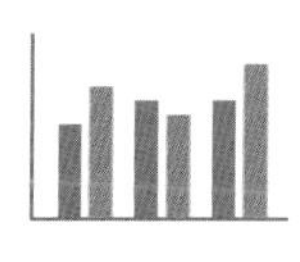

ターゲティングを
変えて広告を
改善する

SECTION 26

複数の広告を併用する際のおすすめパターン

発展

目的やターゲットを別に設定して広告を出す

広告の運用に慣れてきて、予算にも余裕があれば、積極的に複数の種類に広告を出稿するのも効果的です。

複数の種類に広告を出す効果としては、広告の効果をより高める、といったことが考えられるでしょう。また、それだけでなく、ターゲットや目的を分けて広告を出すことも有効です。

自社商品に複数のターゲット層がいると考えられる場合、年代別、性別に顧客層を設定して、広告テキストや画像などを分けましょう。こういった広告を出すことで、これまで気が付かなかった商品の強みを発見することがあります。

また、広告出稿の目的を複数設けて、それぞれに適した広告を出稿することもできます。例えばＣＴＲを上げることを目的とするものと、コンバージョンを上げることを目的にするものをそれぞれ出稿する、といった形です。

ターゲティングや目的によって広告を使い分ける

ターゲティングの異なる広告を出稿する

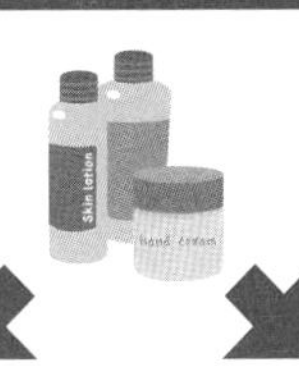

ターゲティングA	ターゲティングB
・20代女性 ・就活中 etc.	・20代男性 ・会社員 etc.

広告A	広告B

目的を変えて広告を出稿する

- 広告A：商品の認知拡大が目的
- 広告B：リピート顧客を離さないようにするのが目的

おすすめ①リスティング広告＋リターゲティング広告

この組み合わせは、ポピュラーかつ、効果が得やすい組み合わせです。
リスティング広告は検索結果画面に表示される広告のため、ユーザーのニーズとマッチしやすく、クリックされやすい広告です。その一方で、ユーザーが探している情報が見付かったり、Ｗｅｂサイトに訪問したりしても、すぐにコンバージョンに結び付かないことのほうが多いでしょう。ユーザーは、一度離脱して競合情報を見たり、キーワードを変えて検索を行ったりします。その点では、リスティング広告はターゲットと最初の接点を得ることはできますが、その後のフォローはできません。
人の行動特性として、一度手放した商品から遠ざかると、その商品への記憶が薄れていく傾向にあります。リターゲティング広告は、手放した商品を再度思い出してもらうための広告手法です。一度は興味があった商品やサービスですから、再アプローチされることによって、その商品を探していた記憶がよみがえります。そして改めて中身を確認することで、購入に結び付くように促す手法です。この組み合わせでの購入率は、リスティング広告単体に比べると2割から3割程度高くなるといわれています。

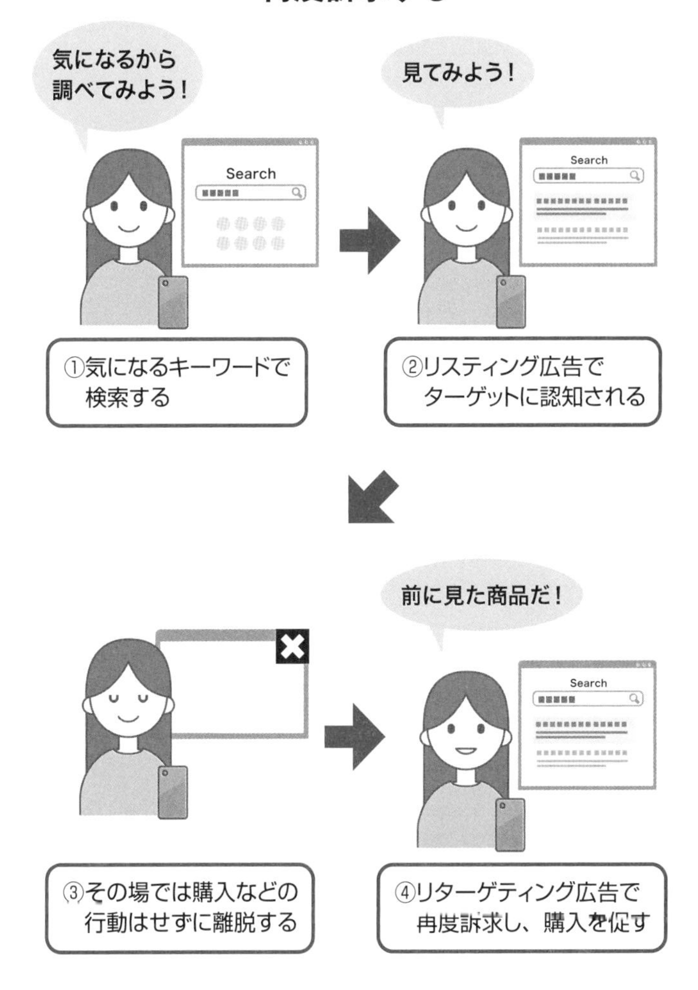
一度興味を持ったターゲットに
再度訴求する
気になるから
調べてみよう！
Search
①気になるキーワードで
検索する
見てみよう！
Search
②リスティング広告で
ターゲットに認知される
③その場では購入などの
行動はせずに離脱する
前に見た商品だ！
Search
④リターゲティング広告で
再度訴求し、購入を促す

おすすめ②ＳＮＳ広告＋アドネットワーク広告

これは、年齢や居住地域、性別、あるいは趣味嗜好などのターゲットの属性が重要になってくる広告の組み合わせです。

アドネットワーク広告は、ターゲットの属性や、表示先のＷｅｂサイトで絞り込んで出稿することができます。

そして、そのターゲティングをより高めてくれるのがＦａｃｅｂｏｏｋ広告に代表されるＳＮＳ広告です。例えばＦａｃｅｂｏｏｋには、ユーザーが年齢、職業や興味・関心ごと、住居地域などの情報を保存しています。その内容をもとに、細かくターゲティングして出稿できるのがＳＮＳ広告のメリットです。また、ＳＮＳは個人が様々な投稿をしている場でもあるので、その投稿から、ターゲットとする人たちがどんなものを好むのか分析することもできるでしょう。

なお、ユーザーの設定によっては、ネットで検索していたキーワードをもとに、ＳＮＳでもそれに関連する広告が表示されることがあります。この点も、この組み合わせのメリットといえるでしょう。

Webメディアでも SNS でも ターゲットに訴求する

おすすめ③リスティング広告など＋ランディングページ＋メールマガジン

最後は、広告と広告の組み合わせではありませんが、効果的な例を紹介します。

高額商品や工事が必要なサービスなど、すぐには購入に結び付かない商品は、まず顧客との間に信頼関係を十分に築いてから「行動」を促すことが重要になります。

この場合、まずはリスティング広告など何らかの広告でターゲットの興味を引き、ランディングページでお得なクーポンなどのキャンペーンを行ってメールアドレスを登録してくれる顧客を集めましょう。そして、集めた顧客に対して、広告を掲載したメールマガジンを送ります。露骨に宣伝するのではなく、お役立ち情報などを送って、購読が途切れないようにしましょう。

そして、ターゲットがサービスを必要としそうな時期を狙い、「ご愛顧特別キャンペーン」などと銘打った広告をメールマガジンに盛り込みます。すでにコミュニケーションが育っているので、ランディングページで再びサービスや商品の説明を丁寧に行い、購入や申し込みへと促すことができます。ターゲットにも検討の時間があり、かつメールマガジンで信頼関係を築いているので、高額な商品でもコンバージョン率は高くなるのです。

ターゲットとの接点を持ち続けて行動へつなげる

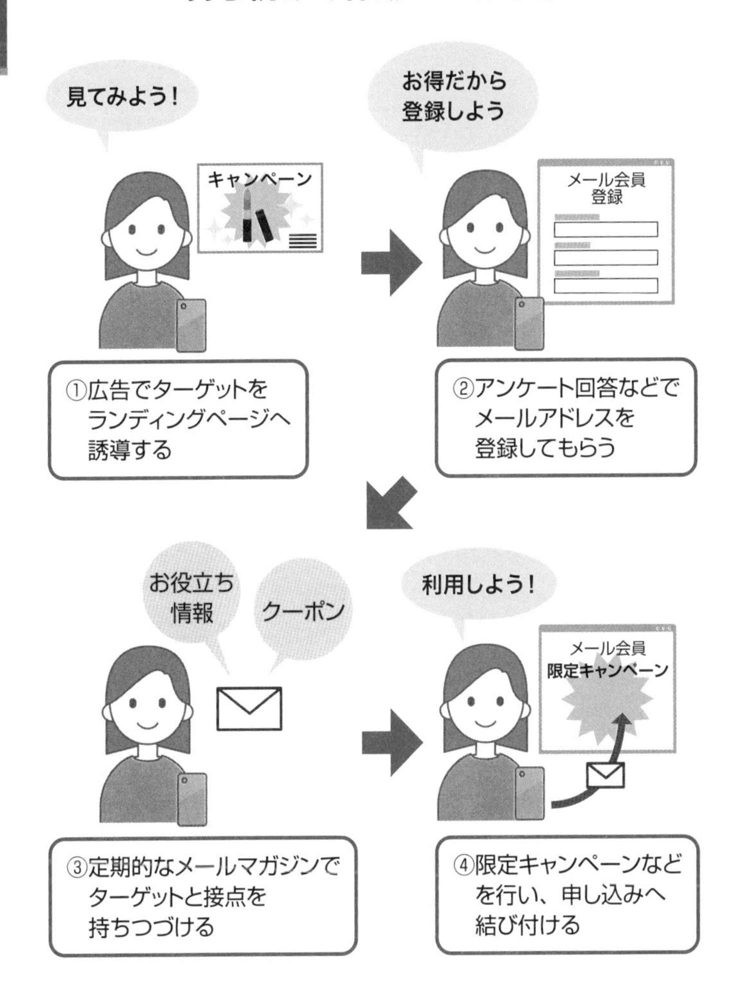

付録

ネット広告用語一覧

ここでは、ネット広告を運用するうえで知っておきたい用語を紹介します。

●クリック数（CT／ClickThrough）

広告がクリックされた回数。クリック型課金は、このクリック数で広告費が決定する。

●インプレッション数

広告が表示された回数。

●クリック率（CTR／ClickThroughRate）

インプレッション数に対して、その広告がクリックされた割合。「クリック数÷インプレッション数」で算出する。

●クリック単価（CPC：Cost Per Click）

クリック一回当たりの単価。運用型広告は日々単価が変動するので、一定期間の平均単価で計測する。「広告費÷クリック数」で算出する。

●コンバージョン数（CV／Conversion）

実際に「購入」や「申し込み」に至った数。

●CPA（Cost Per Action）

一回のコンバージョン（成果）に至った単価。「広告費÷コンバージョン数」で算出する。

●コンバージョン率（CVR／Conversion Rate）

クリックされた広告がコンバージョンに至った数。「クリック数÷コンバージョン数×100」で算出する。

●顧客獲得単価（CPA／Cost Per Acquisition）

顧客を獲得するのに一人あたりにかかった費用。成果費用ともいう。「広告費÷獲得顧客数」で求める。

索引